U0195098

高等学校系列教材

建筑类课程设计基础

刘生军　主　编
席天宇　副主编

中国建筑工业出版社

图书在版编目（CIP）数据

建筑类课程设计基础 / 刘生军主编；席天宇副主编
. — 北京：中国建筑工业出版社，2024.5
高等学校系列教材
ISBN 978-7-112-29572-2

Ⅰ. ①建… Ⅱ. ①刘… ②席… Ⅲ. ①建筑学－课程设计－高等学校－教学参考资料 Ⅳ. ① TU-41

中国国家版本馆 CIP 数据核字（2023）第 253221 号

责任编辑：毋婷娴 王 惠
责任校对：赵 力

扫二维码可看课程视频

高等学校系列教材
建筑类课程设计基础
刘生军 主 编
席天宇 副主编
*
中国建筑工业出版社出版、发行（北京海淀三里河路 9 号）
各地新华书店、建筑书店经销
北京雅盈中佳图文设计公司制版
北京市密东印刷有限公司印刷
*
开本：787 毫米 × 1092 毫米 1/16 印张：$13^3/_4$ 字数：244 千字
2024 年 6 月第一版 2024 年 6 月第一次印刷
定价：78.00 元（含数字资源）
ISBN 978-7-112-29572-2
（42307）

如有内容及印装质量问题，请与本社读者服务中心联系
电话：（010）58337283 QQ：2885381756
（地址：北京海淀三里河路 9 号中国建筑工业出版社 604 室 邮政编码：100037）

编委会

前　言

建筑设计基础课程是建筑类专业的学生进入大学以后所学习的第一门专业设计课程，在建筑类专业全过程培养体系中发挥着极其重要的作用，因此开设建筑类专业的高校均对这一门课程的建设十分重视。

笔者 2000 年就读于哈尔滨工业大学建筑学院，在这个时代就读于建筑学专业的同学都要画钢笔画，要练习仿宋字，这些训练内容是需要作为平时成绩计入最终成绩的。当然也少不了水墨渲染和水彩渲染的训练，这是布扎体系下建筑学基础训练很重要的组成部分。2012 年我从日本回国在哈尔滨工业大学工作，水彩渲染的例图依然是当年我们上学时所临摹的小房子，相信这个小房子在无数建筑学子心中留下了无法磨灭的记忆，而水墨渲染的塔司干柱式在这个时候已经从课程设置中被取消掉了。当时还有楼梯间测绘、寝室测绘、案例解析等内容，案例解析在那个年代是不能只停留在图纸上分析，而需要把手工模型做出来。今天回想起来比较有意思的两个课程内容，一个是需要完成一张海报，另外一个是点的构成以及线的构成。当然这张海报主要训练的是仿宋字练习的成果，以及对版式、构图、色彩的整体掌控能力；而点和线的构成训练就比较复杂一点，是在一定数量的棋盘格上放置一定数量的点，或者在这张棋盘格上用一定长度的线完成整个设计作品的构成，这两个训练首先培养的是对这两个构成作品直观形态的感知能力，另外对于点和线最终形成的空间要进行一定的解读。

2012 年 12 月笔者回到哈尔滨工业大学成为母校建筑学院一名专业教师，学院正在对设计基础课进行课程改革，当时作为教学组的新任教师参与了“教改”的全过程。整个教改持续了几年，因为任何一门课的教改都需要经历教学成果反馈、问题发现、教学内容调整这样一个反复循环的过程。在这次教改当中，建筑设计基础的第一个环节被设计为城市认知，此外还包括空间立体构成、环境设计、空间之形、界面之限、光影之术等内容，整个教学设计对空间构成、材料和色彩的运用、空间的质、空间界面、环境要素等内容进行了非常全面和系统的训练，今天看来，当年哈尔滨工业大学对于设计基础课的教改是非常成功的。

在哈尔滨工业大学工作期间，笔者受学院委派，与哈尔滨工业大学的史立刚老师、梁静老师、连菲老师、董健菲老师共同赴香港中文大学参加顾大庆老师的设计基础教学培训班，与来自全国各兄弟院校的老师们共同学习和探讨建筑类专业的设计基础教学。当时印象比较深刻的是西安建筑科技大学建筑设计基础的教学改革，在这次教改中，西安建筑科技大学从各种模块化的基础训练转向体验和感知训练，老师带着学生们逛茶城、打太极拳、去茶室品茶；带着学生们去茶园看茶、采茶；带领学生们在生活中去观察和感知各式各样的空间，包括蚂蚁的巢穴、叶子的空间形态，等等。在这样一个教学改革体系下，西安建筑科技大学一年级的学生作品“从茶到室”获得了2015东南·中国建筑新人赛的一等奖，同时获得了在越南胡志明市举办的2015年亚洲建筑新人赛决赛二等奖，由此可见西安建筑科技大学这次较为彻底的教学改革是非常成功的，证明了体验和感知在建筑类专业基础教育中的重要性，也侧面表明了建筑设计基础教育是法无定法的，在教学上可以有很大的空间去改革和尝试。

2020年笔者到东北大学建筑系任教，后主持东北大学江河建筑学院的教学工作，其间与城乡规划系刘生军老师商议，将建筑基础教学工作的教学改革提上日程。在短短两年时间里，建筑类课程设计基础这门课程已获批辽宁省一流课程、省教改项目，同时也完成了线上慕课的建设，全国的学子们均可以通过线上慕课选择我们的设计基础课进行学习，这与教学组老师们的辛勤努力是分不开的。

本书的出版是对东北大学这两年建筑类专业设计基础课教学工作的阶段性总结，我们仍在依据教学成果反馈持续完善和改进课程教学，并继续在建筑类专业教育的路上不断探索和尝试。当下是一个巨变的时代，各种新技术风起云涌，学科交叉融合的重要性前所未有，任何专业教育都面临着极大的挑战，如何去应对时代赋予专业教育的变化是高校教师肩负的光荣使命，也是教学改革意义之所在。

2024.7.6

教授，博导，东北大学江河建筑学院本科教学负责人

目　录

第一章　绪论

建筑英文为“Architecture”，它源于希腊文“archi”和“tekt”。archi 意为“占第一位的，主要的”，tekt 意为“技艺”，足见古代欧洲人对建筑的重视程度。中国古代把建造房屋及其相关土木工程活动统称“营建”“营造”，使用“法式”一词强调方法和形式。五千年的历史文明创造了光辉灿烂的建筑文化，中国建筑、欧洲建筑、伊斯兰建筑并称为世界三大建筑体系。建筑传承历史，文化彰显自信。进入新时代，迈向新未来，党的二十大报告提出“推进文化自信自强，铸就社会主义文化新辉煌”。创新中国建筑文化话语体系是弘扬中华优秀文化的重要路径。

1.1　建筑之真意

1.1.1　何谓建筑？何谓空间？

1. 何谓建筑？

建筑是根据人们物质生活和精神生活的要求、为满足各种不同的社会活动需要而建造的有组织的内部和外部空间环境。建筑包括建筑物和构筑物，建筑物是指满足功能要求并提供活动空间和场所的建筑，例如工厂、办公楼、住宅楼、影剧院等；构筑物是指不具备、不包含或不提供人类生活生产使用功能的建筑物，例如水塔、纪念碑等。

（1）建筑的三要素

建筑具有三个要素：建筑功能、建筑技术和建筑形象。三要素之间是辩证统一的关系，是不可分割、相互制约的。

①建筑功能：建筑要满足基本的使用功能，这也是建筑的目的和首要任务；建筑还要为人们创造一个舒适、卫生的环境，因此，建筑要具有良好的朝向，以及保温、隔热、隔声、采光、通风等性能。

②建筑技术：建筑技术是建造房屋的手段，包括建筑结构、建筑材料、建筑施工、建筑设备。建筑结构和材料是建筑的骨架，建筑施工是保证建筑物实施的重要手段，建筑设备是保证建筑物达到某种要求的技术条件。建筑功能的实施离不开建筑技术的保证。

③建筑形象：是建筑体形、立面形式、建筑色彩、材料质感、细部装修等的综合反映。建筑形象处理得当能产生良好的艺术效果，给人以美的享受，如庄严雄伟、朴素大方、简洁明快、生动活泼等不同的感觉。建筑形象因时代、民族、地域等不同而不同，不同的建筑形象反映出不同的建筑风格。

（2）建筑学的研究

狭义建筑学：从狭义来说，建筑学是指与建筑设计和建造相关的艺术和技术的综合。所有的建筑师都在追求建筑之用、形式之美，约翰·罗斯金（John Ruskin）将建筑（Architecture）从建筑物（Building）中区别出来，认为建筑物是世俗的而建筑则是神性的。建筑一定会赋予精神的意义，物质其实在表现精神世界，即建筑学是不断追求丰富的建筑语言与技术表达的学科。

广义建筑学：广义上来说，建筑学是研究建筑及其环境的学科。吴良镛创造性地提出了“人居环境科学”理论。人类的居住环境是包括社会环境、自然环境和人工环境的整体，对环境空间的认知可涵盖从建筑空间、城市空间到地域空间的整体。人居环境科学以人居环境为研究对象，研究人类聚落及其环境的相互关系与发展规律，并提出了以城市规划、建筑与风景园林为核心，整合工程、社会、地理、生态等相关学科的科学发展模式。

可以说，建筑类学科（包括建筑学、城乡规划、风景园林）同时具备了社会学科、工程学科和艺术学科的属性。我们通常称建筑学、城乡规划学、风景园林学等工科专业为创意工学，就是说在科学与艺术之间有着辩证统一的关系。艺术与设计的联系在于它们共享美的法则，然而设计的出发点是需求，其考虑因素是使用场景、受众人群等；艺术是精神世界的投射，是可以不考虑受众的自我表达，是升华到哲学世界的探索。1920—1921 年宾夕法尼亚大学建筑系课程介绍的开篇就指出课程制定的主要原则是：“建筑即艺术”。可以说，建筑既是物质的财富，又是精神的产品；既是技术的产物，又是艺术的创作。梁思成先生认为，建筑学是所有学科门类中最为特殊的一个学科，因其同时具备了社会学科、工程学科和艺术学科的属性。梁先生曾在文章中将“同时具备”视同为数学中的“交集”（图 1-1）。

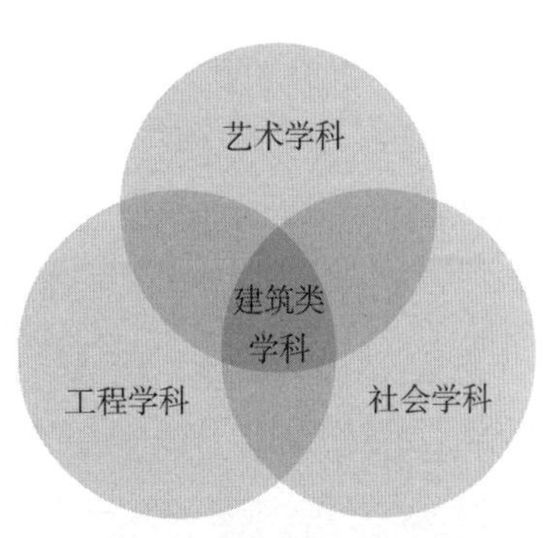

图 1-1　建筑类学科的属性

（3）建筑的目的性

建筑的根本目的是为人提供最适宜工作和学习的空间和宜居的环境，满足人对物质条件和精神条件的追求（何镜堂）。贝聿铭说过，建筑是人类对诗意栖居的美好表达。“诗意地栖居”，最早出自诗人荷尔德林（Johann Christian Friedrich Hölderlin）的诗作：“人，诗意地栖居在大地之上”，因德国哲学家海德格尔（Martin Heidegger）的借用并赋予其哲学内涵而闻名。海德格尔在《诗・语言・思》中明确表示：“正是诗意首先使人进入大地，使人属于大地，并因此使人进入居住。”在海德格尔的定义中，所谓诗意，其实就是创造，也是“建筑”之本意——“那让我们安居的诗的创造，就是一种建筑。”

建筑学的研究目标旨在总结人类建筑活动的经验，以指导建筑设计创作、构造某种体系环境等。“建筑之始，产生于实际需要，受制于自然物理，非着意创制形式，更无所谓派别”（梁思成）。简单地说，建筑学本身是一门由人们身边的基础常识构成的学科。它起源于最简单的搭建活动，发展到今日，演变为复杂的大型建筑项目。当下，建筑学科的发展是一个复杂且丰富的过程，不但融入了丰富的人文文化气息与历史文化特征（图 1-2），而且融合了多门学科交叉发展，形成了独立成熟的知识体系，更是与现代科学技术的发展紧密结合，适应建筑行业的生态化、智能化、人本化，以及可持续未来发展的要求。

2. 何谓空间？

空间的产生源于建筑要素的限定，使空间有形，形成空间限定。空间是建筑追求的基本目的，也是建筑设计的核心问题之一。通常对空间最直接的理解可分为“室内空间”“建筑空间”“城市空间”等[①]，因之而来的空间的形式与功能之辨也是建筑创作的永恒主题。然而，从哲学的认识来看，“空间”其实是一个相

① 按环境分，可分为微观环境、中观环境和宏观环境。

图 1-2　城市建筑是固化的文明史诗

对抽象的概念，杰出的数学家、物理学家及哲学家莱布尼茨（Gottfriend Wilhelm Leibniz）认为空间是指事物之间的空间关系。这意味着空间不会独立存在于它连接的东西之外。如果物体不存在，就不可能存在空间关系。我们以“空间”作为事物之间的空间关系，那么对于建筑与规划学科领域的具体物质空间的认知也应该同样具有相似的内涵理解。

建筑学与城乡规划学关系密切，二者与风景园林学同属于人居环境学科范畴。与古老的建筑学科相比，规划学科是一个新兴的学科。传统的“城乡规划学”同样比较侧重于设计操作层面，所以城乡规划专业要学一些建筑学基础、画图制图、美术、设计、软件技术等。同时，城乡规划学又是一个多学科交叉的综合学科，需要经济、地理、建筑、交通、社会、历史、文化等多学科知识的支撑，城乡规划学的内涵和外延也不断发展，其研究对象包含了从城市空间到国土空间的空间体系。因此，与建筑学科不同的是，城乡规划学的学习除了基本的“设计”思维外，还需要具备“治理”思维，需要研究城市、乡村以及人居环境所存在的国土空间治理等诸多层面的问题。

因此，我们要跳出建筑空间的微观范畴，从建筑类学科的视角，以“地域—城市—建筑”的不同层次渐进式、系统性地表述“空间”的内涵。

首先，“空间”是一种要素域（国土空间层面）。国土空间是指国家主权与主权权力管辖下的地域空间，是国民生存的场所和环境，包括陆地、陆上水域、内水、领海、领空等。其次，“空间”是一种外在表现。城市作为一种社会空间存在，是一种物质化的资本力量，这种力量表现为典型意义上的经济与文化要素的集聚，也表现为不同类型空间的形式特征，例如，居住空间、街道空间、广场空间、商务办公空间等，这是城市空间的基本特征。再次，空间是一种相互关系（城市层面）。有了具体要素的限定才能形成特定的空间感受，不同要素的构成方式与人们的心理连接会产生不同的作用关系。最后，“空间”是一种虚实关系（形体环境层面）。老子的论述“埏埴以为器，当其无，有器之用。凿户牖以为室，当其无，有室之用。是故有之以为利，无之以为用”，深刻地阐明了建筑实体、建筑空间与环境空间的辩证关系，是世界上最古老而正确的对建筑的定义。

立足于设计基础的教学，我们重点对形体环境层面的“建筑空间”进行系统的解析。

第一，建筑空间的概念需要多维的理解。建筑空间基本分为内部空间和外部空间两个概念，建筑的外部空间是从自然中划定的空间，它不同于无限延伸的自然空间，外部空间源于有意义的限定，比自然空间更有意义。建筑空间的界定首先来源于空间的围合、遮蔽，人们能够使用其功能；建筑空间能够最直观地通过人们的感知体验，感受到空间的容积、形式、边界，包括空间联系、空间渗透、空间序列，甚至还会感知空间的情绪、思考、意义。此外，爱因斯坦在物理学领域提出了“质量就是能量，时间就是空间”的科学论断，“时间”是用来表述变化的计量。在现实的物质空间中，时间的维度也是真实存在的，在建筑理论中我们称之为“场所空间”，时间的累加赋予了文化、意义或记忆的物体化和空间化，或可解释为“对一个地方的认同感和归属感”。某一时期具有共性的建筑文化表达，也正是梁思成所说的，建筑是一定历史时期文化发展的产物，同时也是文化历史的表征。

第二，建筑空间的属性富于多元的诠释。密斯坚持“少即是多”的建筑设计哲学，1929 年西班牙巴塞罗那世博会德国馆的空间很难以几何形态去描述，体现在处理手法上是主张“流动空间”的概念，即强调空间的渗透、运动、连续。与流动空间相对应的是动态空间与静态空间。建筑空间也可分为封闭空间、开放空间、半封闭、半开放空间。半封闭、半开放空间是介于封闭与开放空间的过渡空间，我国古建筑中的“廊”就是半封闭半开放空间。与之相似，黑川纪章提出了对“黑、白、灰”空间的界定，即内部空间、外部空间、灰空间。所谓的“灰空间”是指介乎于室内外的过渡空间，例如，雨篷、外廊等。从空间的使用行为划分，可分为公共空间、私密空间、半公共半私密空间和专有空间等。公共空间为社会成员交往使用，私密空间为个人家庭所占有，半公共半私密空间为公共空间和私密空间的过渡性空间（例如宅前空间），专有空间为单位内部使用空间，对内公共，对外私密。

科林·罗（Colin Rowe）对空间的“透明性”问题研究影响广泛。《透明性》（*Transparency*）是科林·罗和罗伯特·斯拉茨基合作完成的一部对现代建筑影响深远的建筑理论著作。科林·罗从现代主义抽象二维绘画中研究空间的透叠①、层次关系等，进而提出了他对于空间透明性在物理层面和现象层面的研究和理解。当设计师故意将空间抽象化，不是通过使用叠加的透明平面而是通过重组去定义一个平面的多个空间网格，在一个面上呈现前后的层次关系，从而“创造出复杂的体积幻觉”——也就是空间的复杂性、多义性，就存在现象上的透明。除了“透明性”，还有空间的“模糊性”概念，有些空间并不十分明确，很难判断其类型和归属，可将其称为模糊空间——空间混沌和模糊就会让空间变得多义。模糊性的概念主要指空间的不确定性，空间界面模棱两可，具有多种功能的含义，空间充满复杂性和矛盾性（图 1-3）。

第三，建筑空间的表达需要多义的创造。上述对“透明性”与“模糊性”的解释中，我们反复强调“透明性”与“模糊性”是一种多义的空间，这就是建筑所要创造的空间“丰富性”——多义的创造主要通过空间要素的限定来实现。柯布西耶的“多米诺体系”和“空间构成”作为现代建筑的重要图示，为理解空间形式的构成意义建立了可能。其中，“多米诺体系”是由规则排列的 6 根钢筋混凝土立柱支撑水平楼板，形成了基本的空间单元（图 1-4、图 1-5）。“多米诺体系”表达了一个抽象的空间概念，传统的功能“房间”在“多米诺体系”中被消解，“墙体”与结构框架不再严格正交，揭示了杆件结构系统所带来的自由空间的可能性。可以说，“多米诺体系”本身就暗合了某种抽象的空间网络，梁柱结构体系预设了水平的或垂直的空间可能性，但空间要素未必就必须遵循结构体系的正交逻辑，这就有了创造多义空间的不同可能。我们还可以从凡·杜斯堡

① 所谓透叠是指不同形态的复叠形成空间的灰色关系，即不同空间系统穿插的部分，为各个空间网络同等共有。

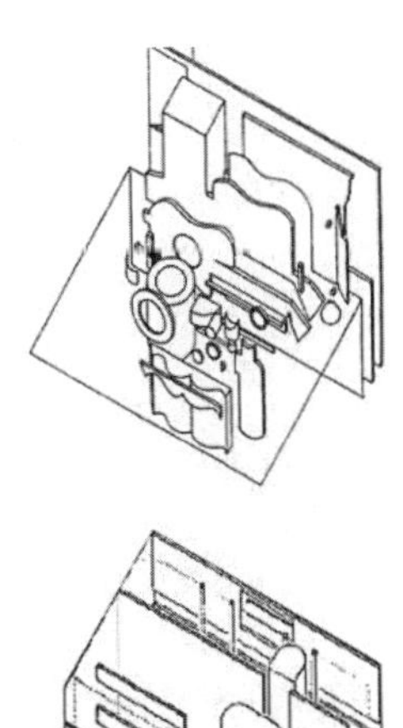
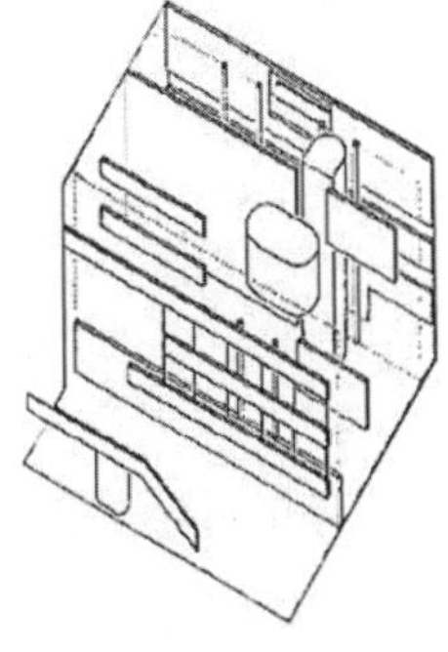

图 1-3　科林 · 罗对加歇别墅"透明性"的研究

（图片来源：科林 · 罗，罗伯特 · 斯拉茨基 . 透明性 [M]. 金秋野，王又佳，译 . 北京：中国建筑工业出版社，2007.）

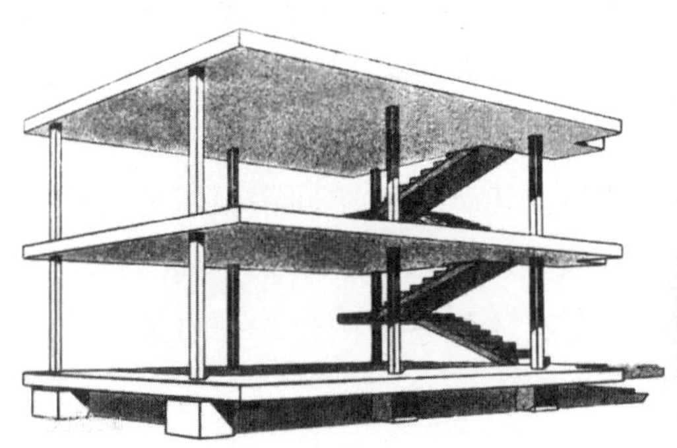

图 1-4　柯布西耶的多米诺体系

（图片来源：科林 · 罗，罗伯特 · 斯拉茨基 . 透明性 [M]. 金秋野，王又佳，译 . 北京：中国建筑工业出版社，2007.）

图 1-5　柯布西耶的萨伏伊别墅

（图片来源：本书作者）

（Theo van Doesburg）的"空间构成"中理解多义空间的可能性，凡 · 杜斯堡的"空间构成"仅以简单的抽象元素构成画面（图 1-6），或在板块上涂上不同的色彩强化独立性和抽象性，通过探索抽象的四维动态空间，形成了所谓"反立体"的、离心的、动态的、连续的，没有明确的边界，也没有内外的界限，传达了构成主义的多义表达。

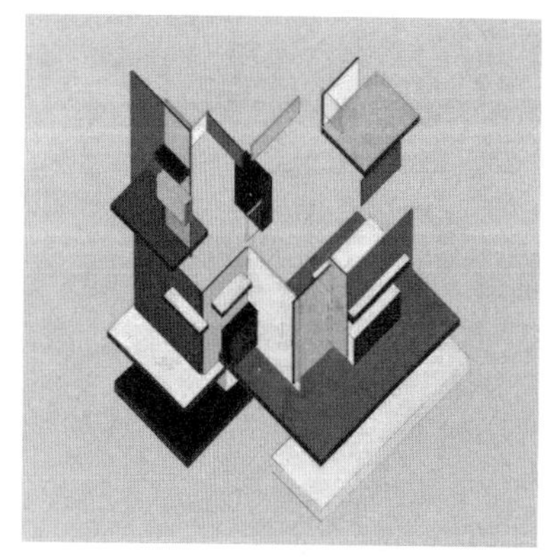

图 1-6 凡·杜斯堡的空间构成

（图片来源：科林·罗，罗伯特·斯拉茨基．透明性 [M]. 金秋野，王又佳，译．北京：中国建筑工业出版社，2007.）

可以说“透明性”在现象层面的解释，就是建筑所追求的空间丰富性。当建筑空间在不同网络中具有交叠重复的部分时就会形成“透明性”，借助二维透叠的概念，我们可称之为“空间的透叠”，建筑师在设计创作中可以利用空间的透叠进行丰富性的创造，进而赋予空间内容丰富的“形式感”。在建筑设计中，空间的表达非常需要概念形成、空间构成、形体变形等，建筑师需要对方案进行深入的分析图解，不断寻找建筑中的系统组织与建构方式，从而创造出个性化的空间作品。那么，我们在阅读建筑师的作品时，其实就是在倾听空间的叙事，就像观赏一部电影，当电影的结局是开放式的，就会让很多人陷入遐想。对于建筑空间的表达也是如此，如何创造空间的复杂性和丰富性，这就是“透明性”理论所阐述的空间的多义性、层次性限定。

基于对“地域—城市—建筑”的多层级空间层次认知的表述，我们理解到建筑空间也是一个要素域，正是空间要素的性质界定了空间的属性。当然，这一要素域并非是简单的数量堆砌，建筑空间和城市空间一样有着特定的形式构成、空间关系和界面表情。从实用功能上讲，建筑空间最根本的属性是满足人的活动功能要求，是可感知的具有某种容积的具体形式空间，形成了某一特定场所可识别的形态要素构成。因此，建筑空间的设计针对着特定的使用人群，不同的场所位置构成了“此地”与“彼地”的空间关系，不同的形状、体量、尺度、细部语言形成了空间的形式表达，空间的秩序性、模糊性、透明性等形成了空间的多义性、丰富性、情感关系。总之，建筑空间的创造不断呈现出具有围合、限定、流动、渗透、透明、模糊等多元的表达特征。因而，建筑空间除了具有使用价值外，还会具有一定的艺术价值与精神属性，体现出人类文明的某些共性的文化特征。与建筑空间相比，城市空间还表现出某些内在属性的外在特征，空间形态被认为是社会、经济、文化关系综合作用的结果。亨利·列斐伏尔的《空间的生产》指出空间是社会的产物，空间的生产包容一切的世界观和实践活动，其产物不同于自然空间与实际空间，而是包含三层含义：①空间包含了多重关系，任何一个社会甚至任何一种生产方式，都会生产出它自身的空间。②空间是一个表征性空间，透过意象与象征而被生产出来。③空间通过知识与理论的诠释而被建构出来。这也定义了城市空间的研究不同于建筑的纯形式空间，而具有社会、经济、文化的多层属性。

1.1.2　建筑的意义

1. 建筑之本义

建筑学自古有之，可以说是一个古老的学科。建筑学源于人类有意识地美化居住环境的建构实践。西方的建筑学成就源于古希腊与古罗马时代，“没有希腊文化和罗马帝国奠定的基础，就不可能有现代的欧洲”。维特鲁威在《建筑十书》指出，建筑师的修养与教育，使其要擅长绘图，通晓几何、数学、音乐、历史、法律、卫生甚至天文学。文艺复兴时期，阿尔伯蒂在《论建筑》中试图确立某种一般性的建筑原则，为后来的建筑提供某种指导性的意见，并都将建筑放在一定的环境中加以论述。《论建筑》一书将建筑这门科学纳入了科学与艺术的范畴之中……可以说，建筑是观念的艺术，彼得·柯林斯在《现代建筑设计思想的演变》的前言里指出：“形式并非以机械的进展方式产生出更多的形式，恰恰是选择何种形式最为合适的那种观念，创造了特定时代的建筑。”

“我国五千年来，衣冠文物之盛，实为世界之先觉。”由于幅员辽阔，中国各处的气候、人文、地质等条件各不相同，从而形成了富有格局特色的建筑风格。然而，自清末，“西式建筑逐渐成为中国主流建筑形式，中式建筑从外观形式上日渐衰退”。许多早期留学归国的建筑学者们，在“目亲彼邦建筑事业之发达……因念欲跻我国建筑事业于国际地位”，逐渐开始探索中国建筑学的发展道路。这其中，梁思成先生的《中国建筑史》第一次把中国建筑史学纳入了系统科学研究的领域，以历史文献与实例调查相结合的方法，揭示了中国古代建筑的设计规律、技术要点，总结出中国建筑的成就和各时代的主要特征，使中国建筑史从蒙昧走向科学，形成一门独立学科。

建筑是为人服务的，建筑的意义是人赋予的。建筑职业在古代最先并不是一个社会地位非常高的职业，在古希腊，技艺劳动是一种徭役。同样，在我国古代建筑师被称为匠人，例如，鲁班被尊为匠人的祖师爷，被现代人视为一位伟大的建筑师。在尚未产生科学研究方法的古代，人们对未知的探索也是采用经验描述的方法。建筑的设计表达就成为对神秘宇宙、对自然敬畏、对无上神权的描述，“宗教影响之于建筑，最为显著”。例如，在中世纪，我们看到的建筑是细腻而繁琐的，中世纪欧洲宗教狂热，早期的建筑几乎都是围绕教堂展开的，教会凌驾于王权之上，产生了君权神授的观念。这使得宗教文化之中神秘的特质和建筑本身相结合，建筑给人一种庄重感以及压迫感。我们看到，这一时期的宗教建筑都是那样的璀璨夺目，因为其服务于当时的意识形态，符合当时的社会发展需求。

2. 建筑之要义

建筑的重要意义不仅限于人类精神文化的创造意义，更在于建筑是现代社会国民经济的重要生产部门，是生态文明时代全生命周期生态系统的构成部分。在现代社会，建筑业在国民经济中占有重要地位，建筑部类与整个国家经济的发展、人民生活的改善有着密切的关系。城乡居住条件的改善是实现小康社会、消除贫困、构建和谐社会的重要抓手，是人民群众获得感、幸福感、安全感的积极保障。从生态环保的视角，我国建筑全过程能耗在全国能源消费总量中占有重要比重，直接影响着经济社会的可持续发展。作为人居环境科学的重要组成部分，随着建筑学科的发展，以绿色节能环保为目标的绿色建筑研究的重要性日益凸显，其最终目标是实现人与自然的协调共融、可持续发展。

低碳城市、绿色建筑的理念逐渐受到重视。低碳城市是指以低碳经济发展为模式，以低碳生活为行为特征、以低碳社会为建设目标的经济、社会、环境相互协调的可持续城市化发展道路。绿色建筑，是指在建筑的全寿命周期内，最大限度地节约资源（节能、节地、节水、节材）、保护环境、减少污染，为人们提供健康、适用和高效的使用空间，提供与自然和谐共生的建筑①。绿色建筑贯穿建筑的设计、施工和使用中，从全过程全方位去实现建筑的绿色环保。在《巴黎协定》（*The Paris Agreement*）②签订之后，中国在 2020 年 9 月 22 日向联合国大会宣布，努力在 2060 年实现碳中和③，并采取“更有力的政策和措施”，在 2030

---

① 中华人民共和国住房和城乡建设部 . 绿色建筑评价标准：GB/T 50378—2019[S]. 北京：中国建筑工业出版社，2019.

② 《巴黎协定》是由全世界 178 个缔约方共同签署的气候变化协定，是对 2020 年后全球应对气候变化的行动作出的统一安排。《巴黎协定》的长期目标是将全球平均气温较前工业化时期上升幅度控制在 2℃以内，并努力将温度上升幅度限制在 1.5℃以内。

③ 碳中和是指国家、企业、产品、活动或个人在一定时间内直接或间接产生的二氧化碳或温室气体排放总量，通过植树造林、节能减排等形式，以抵消自身产生的二氧化碳或温室气体排放量，实现正负抵消，达到相对“零排放”。

年前达到排放峰值。建筑碳中和主要可以通过需求减量、超高效能、能源替代三个方面来实现。在此背景下，绿色建筑评价体系的发展可以说是建筑学领域的一次革命和启蒙运动。“绿色建筑的核心指标与气候条件相关，气候变化影响中国建筑能耗控制目标，尤其是区域性气候变化对绿色建筑的发展影响很大”（刘加平）。可以说，中国的绿色、低碳、减排是建筑行业发展和城镇化可持续发展的重要前提。

3. 建筑之真义

建筑的真正意义必须放在历史的场域中，中国传统建筑文化的启蒙意义就在于在中国近代历史民族命运的跌宕变迁中，让人们在黑暗中看到了民族文化自信的持久力量。在阴云笼罩的民族危亡时期，活跃在20世纪30年代的营造学社作为中国建筑教育的开创者，筚路蓝缕、治学不辍、不畏艰险，为后来的新中国建筑史学研究奠定了坚实基础。

梁思成先生在给东北大学建筑系第一班毕业生的信中，提及“责任”与“唤醒”，呼唤“建筑之真义”，这是对当时国人的建筑启蒙。行文富于教育意义，在此部分摘抄，与今日学子共勉：

你们创造力产生的结果是什么，当然是“建筑”。不只是建筑，我们换一句话说，可以说是“文化的记录”——是历史……几百年后，你我或如转了几次轮回，你我的作品……如同我们现在研究希腊、罗马，汉、魏、隋、唐遗物一样。但是我并不能因此而告诉你们如何制造历史，因而有所拘束顾忌。不过，古代建筑家不知道他们自己地位的重要，而我们对自己的地位，却有这样一种自觉，也是很重要的。

（建筑）与人生有密切的关系，处处与实用并行，不能相离脱……如款项之限制，业主气味之不同，气候、地质、材料之影响，工人技术之高下，各城市法律之限制等等问题，都不是在学校里所学得到的。必须在社会上服务，经过相当的岁月，得了相当的经验，你们的教育才算完成。所以现在也可以说，是你们理论教育完毕，实际经验开始的时候。

现在你们毕业了，你们是东北大学第一班建筑学生，是“国产”建筑师的始祖，如一只新舰行下水典礼。你们的责任是何等重要，你们的前程是何等的远大！林先生与我两人，在此一同为你们道喜，遥祝你们努力，为中国建筑开一个新纪元！

梁思成（1932年7月）

从梁先生的教诲中，我们认识到：建筑是弘扬中华文化、坚守文化自信的重要方面。党的二十大报告中58次提到“文化”，足见国家对于新时代中国特色社会主义文化建设的高度重视。从历史文化遗产到现代城市文明，建筑是城市的一幅肖像、一面镜子，它以一种凝固的美来诠释着城市的文化。因此，我们既要弄清楚西方建筑文化的来龙去脉，把东西方建筑文化融会贯通，在继承民族优秀传统的过程中吸收西方的优秀建筑理念，在与西方建筑技艺交融对话中不断发展中国建筑文化，努力建造体现地域性、文化性、时代性和谐统一的有中国特色的现代建筑。

1.1.3 如何学好建筑类

1. 学好建筑类要源于热爱

建筑类是比较特殊的学科，建筑类学科将理工技术与人文素养相交叉、科学与艺术相融合，形成有工程学科、社会学科、艺术学科“交集”属性的学科特征。建筑类学科是强调专业气质的学科，资质天分与后天努力同样重要，所以，热爱才能产生兴趣，兴趣才能激发创造；反过来说，建筑类学科并非完全适合大类通识教育，建筑类看重的是艺术气质与设计创造的能力，必须形成专业化的阶段性培养体系，循序渐进地形成知识系统的完整构建，缺失了某一阶段或某一方面的能力训练都不能形成全面的、个性化的、创造性的建筑类学科专业能力。

2. 学好建筑类要积极实践

建筑类中分流的专业都是综合性与实践性高度统一的，通过经验实践获取知识是最朴素的学习方法。除了理论知识的学习，建筑类学生需要经历实地调研、动手作图、综合表现等，并学会将现代数字化技术手段与传统技能训练相结合，最终成为能熟练掌握现代技术手段的研究型或应用型设计人才。学生培养强调在应用中创新，在实践中提高处理新问题的能力。因此，建筑类专业课程的设置通常以“设计类＋实践类”课程教学为主干，辅以原理理论类和技术手段类课程，在设计基础阶段则强调设计类与艺术类课程的相辅相成。建筑类专业的教学设计注重“设计＋实践”教学环境的营造与循序渐进、螺旋上升的知识体系的设置，强调学生综合全面的分析能力和解决实际问题能力的培养。

3. 主动了解多元分流方向

目前，世界高等教育一是向学科交叉渗透，向综合方向发展，专业与专业之间的界限逐渐淡化；二是学科建设的内涵向加深基础和高技术领域拓展。随着国内高校对大类招生与人才培养的积极探索，形成了几类侧重点不一样的大类招生模式。包括：按学科门类招生，比如数学类、建筑类等；以“试验班”形式招生，包含几个学科基础相同或相近的专业；新生统一进一个学院，由学院对全部本科生进行管理。大类招生有利于高等教育的发展、培养创新型人才，按需培养、整合资源、提高效率。但同时造成冷门学科生源不足、专业性较强的专业不适于大类招生等。就建筑类学科而言，比较适合按学科门类招生的模式。

建筑类专业分流方向为建筑学、城乡规划和风景园林，学制大部分为五年。

建筑学：以建筑设计课程为核心，以人居环境创造为主线，学习相关专业理论课及专业基础课，结合若干实践类、艺术类、技术类课程，以培养学生适应经济社会发展、熟悉工程项目运营和符合新工科复合技术能力要求的未来建筑师。建筑学专业注重培养具备传统设计技能底蕴、应用现代技术手段、社会人文视野、较强综合适应能力和持续学习创新能力的复合型、应用型人才。

城乡规划：以规划设计课程为核心，以物质形态规划设计与国土空间治理为主线，学习相关专业理论和专业基础课，并辅以若干实践类、艺术类、技术类课程，以适应国土空间与城乡规划的设计、管理、治理的综合统筹能力的未来规划师。该专业在培养学生具备设计创造能力的同时，还要求其具备宏观战略、统筹思维、设计治理的能力。城乡规划专业注重培养学生运用地理信息技术的手段，培养面向全要素国土空间治理，具备经济、社会、文化的综合视野、团队协同、持续学习、设计创新能力的综合型、应用型人才。

风景园林：以景观设计课程为核心，以生物、生态学科为主并与其他非生物学科（如建筑学、城乡规划）相结合，学习相关专业理论课及专业基础课，结合若干实践类、艺术类、技术类课程，以适应各类型风景园林的规划设计，如风景名胜区规划和城市各类绿地、景观建筑、环境艺术的设计、施工和管理的应用型人才。风景园林专业注重培养学生的传统设计技能底蕴及运用现代技术的手段，同时培养具备艺术手段与工程能力，并具有持续学习能力、设计创新能力的综合型、应用型人才。

1.2 教学的逻辑

1.2.1 经典的传承

1. 学院派模式

学院派模式（文艺复兴到 19 世纪，学院派建筑教育）：巴黎美术学院建筑教育体系“是西方现代意义上的建筑教育之基点”。文艺复兴时期米开朗琪罗、达·芬奇等一系列艺术家对建筑设计起着极大的推动作用，也正因如此，这些艺术家把建筑设计的过程更多地看成是艺术创作的过程。受文艺复兴的影响，19 世纪的巴黎美术学院的学院式教育以师徒传艺的方式进行着建筑知识的传递——巴黎美术学院派的布扎体系[①]将建筑教育放入美术教育体制内，注重学生的素描等美术功底，强调古典主义的构图、比例、尺度等基本的古典形式法则，重视柱式渲染和古典建筑语汇艺术训练的教学方法，并提倡师徒传承的延续——工作室制度。布扎模式开创了以水墨渲染技法进行建筑表现的设计基础教学的主要方式。在中国语境中，东南大学建筑教育曾被视为是执行巴黎美术学院建筑教育模式的大本营，并促成其成为中国诸多高等建筑院校的教学原型。

2. 包豪斯模式

包豪斯模式（20 世纪初至 20 世纪中叶以前的建筑教育）：包豪斯是对现代建筑教育产生了广泛影响的教育体系。1919 年创立于德国的包豪斯设计学院，是世界上第一所完全为开展设计教育而建立的学院，它在教学中重新审视了艺术与设计的关系，将建筑教育与现代艺术设计教育联系起来。包豪斯崇尚现代艺术精神，摒弃历史风格，强调形式与功能统一，让艺术与技术成为互补。在讨论现代建筑教育的变迁历程中，包豪斯模式被视为培养视觉和形式创造力的源泉，体现出了现代设计的基本原则。包豪斯模式形成了从预备课程、工作坊到建筑训练的三段式教学模式，其中的预备课程独创了一系列材料和形式的练习，从操作材料入手来形成对抽象形式的认知，以培养学生艺术感知力的通识性空间形式认知，为随后的工作坊专业训练提供择业指引。

---

① 布扎是法国巴黎美术学院（Beaux Arts）的音译。

总之，包豪斯的理念价值主要体现在以下四个方面：

①团队的工作方式。奠定现代设计的群体工作方式。创作不再像以前的艺术家那样单打独斗式的工作，而开始有了明确的分工，尤其是在工业设计和建筑设计方面。

②标准化的作业模式。摒弃艺术创作的随意性，强调创作是可以复制及标准化作业，并实现工业化。

③实用化的设计。崇尚以人为本的创作理念，设计开始走向实用化。任何设计、任何创作都要以人为主要出发点，工业设计，包括建筑设计开始慢慢从注重艺术感到注重实用性的方向中来。

④工业与艺术融合。强调形式与功能形成统一，让艺术与技术成为互补。

3. 现代建筑教育

现代建筑教育（20 世纪以后的现代建筑教育发展）：1933 年，随着柏林包豪斯学校关闭，一批教师和校友先后移民美国，直接传播了现代主义建筑和设计教育的精髓。现代主义建筑教学受到包豪斯“泛设计”与“练习化”的教学方法的深远影响，对古典艺术训练中绘画临摹在建筑教学的中心地位产生疑问。现代建筑教育不断探讨围绕材料研究和空间训练展开，并强调以抽象要素和组织法则来重新认识建筑的生成过程，以培养学生的空间抽象与空间组织能力。阿尔伯斯和莫霍利·纳吉作为第一代包豪斯教师，其设计基础教学均以材料训练为核心，并通过二维和三维形式训练传播了抽象形式要素和组织法则的设计方法论。此后，抽象的形式训练与专业的建筑构成训练相结合的教学模式开始出现，艺术化的空间形式原理逐渐转变为建筑化的空间训练融合到建筑基础教学中来。其中，“得克萨斯州骑警”（Texas Rangers）[①] 的空间形式研究影响最为广泛。“得克萨斯州骑警”的九宫格练习形成了一套与建筑空间形式相结合的练习方式，被称为“装配部件”式的设计教学方法，即以一整套预设的形体和结构要素来进行相应的设计练习，并与“建筑分析”练习、“方盒子”练习等一起，开辟了“战后”现代建筑设计与教学的一个重要源流，产生了广泛而深远的影响。九宫格的形成是纯粹的建筑学动机，把构成建筑的梁、板、柱等构件剥离，理解为纯抽象要素来探讨

① 在 20 世纪 50 年代的美国得克萨斯建筑学院，一批年轻人由伯纳德·赫斯利和柯林·罗牵头，主要成员还包括罗伯特·斯路茨基、李·赫希、约翰·海杜克、约翰·肖、李·霍辰、沃纳·塞利格曼等人。在对新的教学计划的商讨及开展过程中，他们重新回顾现代建筑空间形式的基础，探索系统性地教授现代建筑的方法，彼此之间相互影响和激发，创造了至今仍不断引起回味的某种传奇，这批人后来被冠以“得克萨斯州骑警”这个带有美国西部片传奇色彩的称号。

空间。可以说，现代设计基础教学模式从以抽象训练为主的思维方式转换为了以建筑学科所需要的建筑形态思维方式的教学实践模式。

总结起来，包豪斯教学模式传播的现代教学模式演化可总结为三类模式：

①艺术化的抽象形式训练。途径是通过“宽泛的”艺术抽象的视觉感知训练启发培养建筑空间与形式的感知能力。方法是从材料训练入手，熟悉抽象形式的设计要素，并对设计理念进行视觉表达。

②严谨的制图与视觉感知训练。途径是通过一系列有限定条件的小练习来了解形式和构图法则，强调对线面构成关系的准确把握和敏锐感知。方法是通过建筑制图、形式和构图法则训练，掌握绘图技巧和规范，理解设计思维的逻辑性，强化视觉构成关系的训练。

③建筑化语汇的空间形式训练。途径是通过更具针对性的基础教学法，形成现代建筑的空间形式基础。将现代艺术和现代建筑空间形式语汇中共通的基本原则以学术化方式固化在建筑学的知识体系中。方法是将抽象形式的点、线、面关系解释为柱、梁、板的基本构件，把纯粹的形式研究转化为建筑形式要素练习，例如九宫格的练习。

1.2.2 借鉴与创新

中国建筑教育建立之初就综合了“重图绘”与“重实践”两套看似相左、实则关联的思路，而并非纯粹的美院教育。经历 20 世纪 20 年代末工学院向美院教育的转型，以及其后的数次“技”“艺”论战，中国建筑教育始终保持着“技艺并重”的特色。大类培养与通识教育在国内的建筑基础教学中成为必然趋势，如何寻找适合自身特色的差异化教学模式就成为设计基础教学的研究重点。东北大学的培养模式尊重传统模式的技能功底，遵从现代教育模式的建筑语汇传播模式，教学设计从传统课程的抽象练习到设计练习模式，同时，调整美术教学设计使之成为与设计基础并行的伙伴课程，让传统基础练习与美术教学高度结合，进而形成传统技能训练融入设计启蒙练习的 1~n 的渐进式课程单元模块体系。

传统课程 = 练习 1+ 练习 2+ 练习 3+……+ 练习 n+ 设计。

改革课程 = 设计 1（练习 1+ ……+ 练习 n）+ 设计 2（练习 1+ ……+ 练习 n）+ ……+ 设计 m（练习 1+ ……+ 练习 n）。

课程单元设置遵循“由感性到理性”的理解过程，强调从概念到建构的思维逻辑转化，形成思维层次有序、空间要素渐进、课程环节相扣的认知规律模块。总体形成单元化、模块化的知识构成与课程结构体系，便于实时掌握各单元模块的教学效果，动态完善各单元模块的教学设计，形成由浅入深的知识学习层次。在授课方式上，注重由设计思维理论讲授到设计实践操作的设计知识传授方式，形成从技、意、形、质、色、境等内容渐进的教学设计体系（即基本技艺、思维概念、形态体积、要素构成、色彩原理、环境属性），到综合设计的实践性知识体系的形成，并了解其内在的构成规律及与之相关的建筑与规划理念，最终形成系统性的设计基础能力培养。

“问渠那得清如许，为有源头活水来”，设计基础的教学设计是一个课程或体系的顶层设计，也是一个开放的过程，需要先做好顶层设计，从而在不断的实践中完善与改进。东北大学建筑类设计基础课程的教学设计坚持以中国传统文化的营造哲学为内核，将启发式的设计语境贯穿于课程教学的始终，形成西学东渐、以“脉”相承的系统建设思路。即以“匠学之脉”，寻“匠心之技”，做到思维训练与空间构建并重，历史传承与现代方法兼蓄的课程体系。在此逻辑下，设计基础的教学设计需要保持弹性与开放的结构，由可动态调整的教学单元模块组成，并且提供多路径发展的可能性，通过不断完善逐渐形成特色（图 1-7、图 1-8）。

图 1-7　美术教改《几何空间转译》学生作品

（图片来源：东北大学江河建筑学院建筑类 2020 级陈子墨、建筑类 2020 级高志强）

图 1-8 美术教改融入设计基础的《空间构成》学生作品

（图片来源：东北大学江河建筑学院建筑类 2020 级吴颖怡、建筑类 2020 级蔡资潇）

1.2.3 目标与评价

1. 设计基础的授课目标

①夯基础：设计基础课程立足于设计启蒙[①]，通过该课程学习，结合建筑学概论课程教学，使学生具备建筑学、城乡规划、风景园林等专业宽口径的设计基础与专业认知。

②塑能力：课程培养学生基本的空间思维方式、基础设计知识、设计表现技法和综合技术手段的运用能力等四项基本能力，形成综合性技能培养和实战型设计能力。

③拓思维：课程面向信息时代建筑学、城乡规划与风景园林等转型发展需求，以工具手段与设计方法共同引导学生专业学习，使学生具备学科交叉的思维方式和信息化手段运用的问题解决能力。

④促创新：课程面向新时代建筑学、城乡规划与风景园林等建筑类学生培养的毕业能力要求，面向新工科培养需求，培养知识综合、视野宽广、持续学习能力强的创新型能力培养目标。

在此目标下，设计基础的教学设计单元模块呈现弹性的结构关系。设计能力是空间推演能力和设计方法不断累加的结果。因此，我们在设计基础课程结构的设计中要求单元模块的设计要具有不同分解训练路径训练的弹性。N 个模块的组

① 建筑学概论、城乡规划学概论则立足于专业启蒙。

合会形成整体性的设计思维与能力目标。图中 S 表示空间概念建立的各子项，m 为设计方法整体观念建立的各子项，顶点不断向上扩展（图 1-9）。进而，设计基础的课程设计形成弹性路径、可选择、可替换的单元模块组合。各单元模块针对不同的课程目标与空间情境设定设计任务。模块训练的重点是提取空间元素，继而对元素进行分类、重组、再生成的过程。空间表达训练的方式是采取概念图解分析与设计模型表达并行的形式，强调概念到形态的思维转化过程与二维空间到三维空间的形态转化过程。

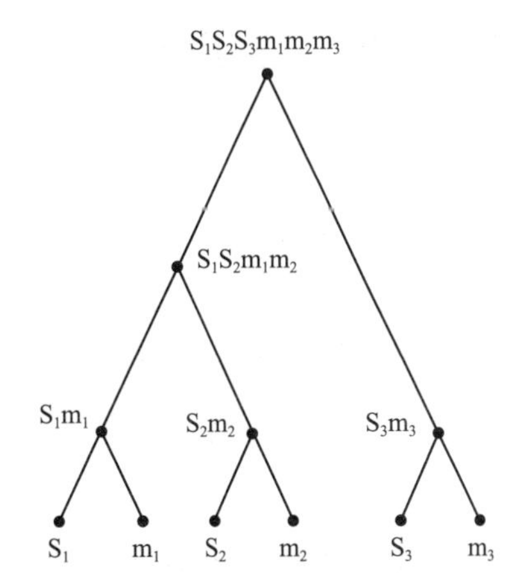

图 1-9 设计能力拓展的假设：树状结构

（图片来源：罗亮.建筑设计基础教学新体系 [J]. 新建筑，1992（1）：27-30.）

2. 设计基础的课程评价

课程差异化是本着个体潜能的充分调动，以差异化课程作为不同切入点，学生在某些课程设计中可以一定程度地选择题目。差异化的课程学习能够顺应学生的个性化发展，使学生获得更大的自主学习权，积极利用个性化资源组织开展学习活动，完成学习任务。差异化的课程选题既要考虑到难度的差异化，也要考虑到兴趣的差异化，同时，不同选题组进行交流也有助于知识获取的最大化。教学方法的差异化在于设计的个性化辅导，这符合建筑教育的基本特性。

在评价方式上，平时成绩可以更加侧重学习者的勤奋、刻苦及努力等优良品质；在设计作业的评价维度上，可以采用绘图表现、设计理念、功能逻辑、形式审美等多重维度。小组合作作业评价，可设置共同作业和个体作业的权重；不同小组的不同选题作业评价，基本思想是假定各作业组的平均成绩和各组学生成绩分布的标准差相同。因为每组学生人数较多，相比最高成绩和最低成绩，各组成绩平均值相差较小，假定平均成绩相等相对合理。成绩分布的标准差是成绩离散度的统计值，假定标准差相同相比假定最高成绩和最低成绩也更具合理性。这种成绩归一化方法，既可以平衡各个不同组学生学习能力的不均衡性，又可以避免各组教学老师评定标准的差异带来的影响。

1.3 匠学思想融入

中国是世界文明古国之一，有着悠久的历史。五千多年来，中华民族的祖先在漫长的历史时期里，积累了大量珍贵的物质文化资源，最终形成了为中华民族世代继承发展、博大精深的传统文化。可以说，中国的传统文化集成了中国传统的政治、经济、文化、哲学、伦理观念，是现代中国文明的开端与源泉。中国传统文化是中国传统建筑研究的切入点，对现代中国建筑创作也有着广泛、深刻的影响。在中国传统文化的背景下，中国传统建筑经历了一个封闭而稳定的发展过程，自成体系，形成了中国特有的建筑文化观念与思想。

1.3.1 传统文化的建筑语境

中国传统文化体现了人与自然的主体关联性，影响着与自然协调融合的传统造物理念。这一理念体现在中国传统文化强调的造物观念，即“天人合一”“道法自然”的思想上。例如，传统建筑建造都讲求观察天象、顺应自然，强调人与自然的和谐相处。“道法自然”的生态智慧体现在重视建筑与自然山水的关系，讲究建筑选址和周边环境的营造。正如孔子所言“智者乐水，仁者乐山”，把自然界的山、水和仁、智这两种德行联系起来，表达了传统文化中对人的生命存在与自然存在着内在联系的思想伦理。因此，我们应理解到设计创造要与自然、文化产生碰撞，与人们的精神意识产生共情，要顺应自然、尊重时节规律并做出积极的改造。

中国传统的建筑文化反映了古代农耕文明的生活方式与宇宙自然节律物候变化等的具体联系，加之丰富的民族文化内涵、特殊的地理气候条件造就了中国本土丰富多彩且风格鲜明的聚居与建筑文化。中国古建筑最鲜明的屋顶形式是中国传统建筑文化最具代表性的特征。坡屋顶形式源于着眼于气候变化的先民智慧，为使建筑形式更好地适应当时、当地的气候环境，人们不断调整建筑屋顶坡度，以适应时节变迁带来的降雪降雨变化，并维持建筑安全减少维修成本等取舍的综合结果。可以说经过几千年的文明积淀，中国传统建筑体现了博大精深的文化，也成为现代中国建筑创作取之不尽的智慧源泉。

中国古代建筑是实用性与艺术性的完美结合，由工匠传承塑造了独具特色的中国传统建筑文化。中国古建筑主要依靠工匠师徒的“口授实习，传其衣钵”，形成了实用主义的传统建筑文化核心。在满足各式木作实用要求的同时，古代匠人又发挥独具匠心的建造智慧，将象征美好寓意的文化图腾融入建筑的建造之中——将建筑的不同部件装饰为各种雕花图案、象征图腾，例如，檐角屋脊、仙人走兽，赋予其消灾灭祸、逢凶化吉之意，这同时又为建筑增加了美感与文化意义。林徽因对此总结为：“中国则自古，不惮烦难的，使之尽善尽美。使切合于实际需求之外，又特具一种美术风格。”

可以说，中国传统文化的造物观念产生了巨大的创生力，其杰出的文化智慧在世界文明史上形成了深刻的影响力。中国传统建筑的营建理念体现着先民们的生活方式、社会习俗等非物质文化，影响着现代中国人的思维方式、社会伦理和行为准则。传统的造物文化是取材于自然，施之以人工而改变其形态与性能的过程。“造物”一方面关涉人们对自然的取舍，另一方面关涉人们对生活的态度，这与建筑设计的方式方法也有着异曲同工之处。总之，在建筑类专业的学习中，我们要传承中华传统文化，并兼顾古为今用、洋为中用，辩证取舍、推陈出新，将现代建筑创作与传统文化结合，从而塑造中国特色的现代建筑的文化印迹。

1.3.2　匠学思想的脉络相承

在设计基础的教学设计中，我们希望中国传统文化的造物智慧有机地贯穿于设计启蒙的整体脉络之中，希望匠学思想能够与现代教学体系不断碰撞、共同作用、寻求创新，逐渐形成适应自身办学特点的建筑教育启蒙方式。

①器物层面的引导：器物价值的功用而不是器物本身，让器物为人服务。人们在建造房屋时总是为了满足具体的目的和使用要求，这称为“功能”。建筑的功能就是要满足人的使用要求、满足人的需求，这是设计的核心问题。

②精神层面的引导：建筑的本质是要满足人对物质条件和精神条件的追求。指导建筑设计的根本原则和观点就是建筑设计的理念，其中，以人为本、协调共生是中国传统建筑文化融合了现代思维的最基本的理念。

③思维转化的逻辑引导：首先要理解空间生成是一个本能的行为，复杂且专业的设计创作需要经过特别的训练。科学化的理性思考方式追求客观世界的公式定律、数理逻辑、规律机制等，有着严密的科学逻辑性；而发现式的设计创造思维是发散的、头脑风暴式的。

④文化脉络的理念引导：以传统文化的相关情境设定引出课程单元模块的设计主题，并结合传统文化的思想理念辅助引导讲解建筑的设计伦理、环境条件、设计要素或未来导向。

1.4 渐进的单元

设计能力的累积是一个反复尝试、不断浸润的过程，整个教学逻辑的设计遵循创作思维的过程规律，由单一要素、图示表达向综合环境、模型建构双螺旋递进。课程单元模块形成空间尺度循序渐进、空间属性逐渐复合、设计要素模块累加、知识体系阶段达成的渐进式、单元化的教学设计。

设计基础教学设计通过单元模块组成课程体系，每个单元由“理论讲授 + 设计任务”组合，以设计思维逻辑构建为核心。单元模块能够串联、整合各个知识点，且每个单元模块均可独立调整。

1.4.1 两个阶段、六个单元

教学设计，我们认为可以简化为两个能力培养阶段：第一阶段，强调从基础技能训练到设计意识形成的造物本能培养；第二阶段，强调从形式抽象到建筑造型生成的逻辑思维培养。

具体形成六个渐进单元，单元内设置不同作业模块共同实现课程目标。第一单元首先结合建筑素材进行基础技能练习；第二单元结合建筑作品锻炼学生的建筑认知与分析能力；第三单元通过具体设计任务锻炼学生的实际设计能力，形成初级阶段的设计思维意识，完成“设计初体验”的集装箱装置建筑设计任务；第四单元首先进行平面抽象和空间抽象的构成训练；第五单元结合景观构成作业，锻炼学生从功能要求、人体尺度、环境关系等三方面出发，完成概念融入的景观构成设计；第六单元完成具体的景观小品建筑设计或参加实体建构比赛，理解构成—建构—建筑的生成逻辑。

第一单元：线律之美——意识的启蒙。此单元首先通过绪论、线律基础等讲授环节对建筑初识、识图绘图、建筑测绘等内容进行知识点传授，进而通过任务布置开展基础制图训练。通过接触建筑绘图的内容技法，初步形成图示思维的表达能力，从而为下一单元训练作准备。当然，绘图、识图的学习在设计基础课程中是持续进行的，不仅限于此阶段，即将专门的技能训练融入诸多设计练习中来。

第二单元：图示语言——思维的转化。通过建筑作品的图示抄绘与分析解读，形成从具象的空间体验到抽象的图解思维转化。具体任务是分组选取不同建筑作品完成抄绘分析，通过了解相关设计背景，熟悉建筑设计需要考虑的因素，初步掌握图示语言的表达技巧。这一阶段强调具象空间感知向抽象分析思维的初始能力培养，是通过临摹解析激发设计本能，以形成专业理解并产生兴趣的重要阶段。

第三单元：空间之体——概念的物化。这是大一秋季学期的最后一个单元模块，将初次探索通过主动创作的思维方式进行空间形态生成的具体操作。此单元结合单一空间概念设计——集装箱装置建筑的设计任务，来体验人与空间装置的互动关系，完成基本的功能组织要求，重点是感知人体工学的尺度关系，以及熟悉常用尺寸。本单元强调能够将设计的抽象思维转化为具象的实际空间生成，即从设计概念到二维空间、三维空间的转化能力。

第四单元：物态抽象——秩序的演化。此单元通过从平面抽象构成到立体抽象构成的物态抽象训练形成空间造型能力。平面构成将空间与平面进行互置推理，形成空间新秩序关系。立体构成同样立足形式抽象，使用造型要素完成空间形式创造。训练重点是形式抽象能力的培养，理论讲授部分强调立体构成的形式演化逻辑，设计练习部分通过多任务的不同命题以创造形态可能性，进而形成对形式要素构成规则的理解。

第五单元：情境转译——条件的限定。此单元强化从物态抽象到文本空间转译的情境生成训练。首先以“条件的限定”为题，让学生理解从城市到用地，从用地到建筑，以及建筑材料、结构、建造的诸多限制条件，以形成较为全面的区位环境分析及建筑自身建构关系的认识。最后，通过文本情境的设定，初步训练学生空间逻辑的概念建立、文本分析、空间转译、形态表达能力和对现状环境的识别、感知、响应能力。

第六单元：建筑生成——空间的建构。此单元立足物态抽象、情境转译，运用一定的建筑设计方法，培养基于实际环境下建筑的要素组织与设计的综合表现能力，完成基地选址、景观小品建筑等设计任务。

1.4.2 单元模块的教学设定

设计基础教学立足于建筑类专业设计启蒙的重要任务，定位于“爱国荣校”叙事与特色课程建设的重要使命，挖掘“匠学传承”的教学脉络，融入现代建筑教学理念，合理利用新教学方法、手段，强调互动式、模块化、数字化教学。教学设计强化逻辑性演化、模块化迭代和互动性、数字化教学的可操作性，形成垂直组织和水平组织两个向量。

①垂直组织——两个阶段、六个单元。形成空间尺度循序渐进、要素属性逐渐复合、设计模块弹性累加、知识体系阶段达成，借助问题导向与互动教学方式的渐进式、单元化教学设计。

②水平组织：注重各单元内教学逻辑的推理演化（图 1-10）。

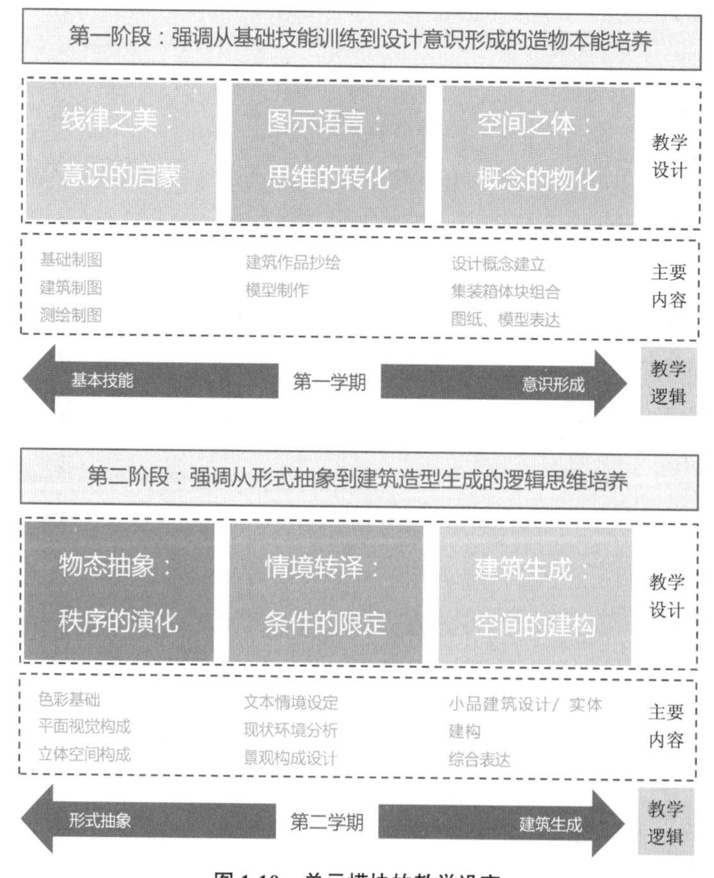

图 1-10　单元模块的教学设定

第二章　线律之美：意识的启蒙

学习设计基础，首先需要一套讨论设计的语言系统，就像留学前的语言预科班，但这个语言系统又不同于真实的人类语言。作为一个独立的专业，建筑学以及建筑类相关专业都有着自身的设计语言系统，掌握这一语言系统才能更好地完成建筑类的学习。首先要从线律基础的认识与练习开始。所谓“线律”包括了绘图基础和形式美学的内容，线律基础学习的根本要义是以线条构图技法表达形式思维的技能培养，使学生能够通过点线面的图示组合表达丰富的建筑形式语言。

2.1　线律基础

线律基础遵循形式美的构成法则，形式美的构成法则是人类在创造美的形式、美的过程中对美的形式规律的经验总结和抽象概括。那么，何为形式美呢？亚里士多德认为，“美的主要形式——秩序、匀称与明确。一个美的事物它的各部分应有一定的安排，而且它的体积也应有一定的大小，因为美要依靠体积与安排，美应具有特定的感性形式，并努力在客观事物中去发现它们。”

2.1.1　构图

客观事物外观形式的美，我们称为形式美。包括线、形、色、光、声、质等外形因素和将这些因素按一定规律组合起来，表现内容的结构形式等。形式美是通过构图来实现的，反之，构图依赖于形式美法则。构图或建筑构图

“composition”原意是组合、联系。在国外很多文献中可以理解为建筑设计的布局、组合之意，即建筑物或者建筑群体各个部分的布局和组合形式，以及它们本身彼此之间和整体间的关系。哈伯森曾经在《建筑设计学习》中指出：“设计即构图，前提是要有可以用作构图的对象——建筑要素。”这里的建筑要素，是特指组成建筑空间形态的基本形式构件，例如，线面体的杆件、板片、体块等，建筑设计可以理解为对空间形式要素的构图组织。

建筑的形式与内容（即形式与功能）永远是对立统一的辩证关系，建筑设计相关工作内容包括室外环境设计、建筑群体布置、建筑物平面及空间布局，以及建筑立面、建筑局部（细部）处理，还包括室内装修、室内物理环境设计等诸多方面，这些设计内容都是有机的统一体，具有共通的形式美原则，与此同时，这些形式要素的空间组织必须服从并统一于建筑功能的总体要求之下。建筑师除了具备空间形式要素的塑造能力之外，还必须掌握广泛的建筑技术、建筑历史理论和艺术修养，以及规划设计、环境设计等专业知识。最基本的当然是必须具有熟练的建筑构图能力。

建筑作品的形式构成是有一定的客观设计规律的。法国学院派构图研究建筑历史发展过程中形成的构图因素和手段、构图方法、原则和规律以及它们的运用方法。梁思成先生用“文法”和“词汇”来说明中国建筑法式与结构构件、造型要素之间的关系。各式各样的建筑无非就是由基本的几何形体组合而成，看似复杂，其实分解开来也非常简单。此外西方当代建筑思潮中也出现了建筑符号学等相关理论。可以说，建筑的传达过程与符号传达类似，建筑设计乃是将设计信息转化为符号的过程，建筑师就是信息的传送者，设计的过程表现为思想、观念逐渐转化为图像符号的过程，而公众对建筑的赏析则是“符号转换为信息”的过程，形成了对建筑的理解。因此，建筑学形成了一个类似语言符号系统的意指系统，从而影响着建筑的设计表达。

总之，建筑作为一种形式语言的表达系统，“构图”是学院派建筑研究的重点。构图通过运用一定的手段来组织空间布局、处理立面、细部装饰等内容，以取得完美的建筑形式。构图依赖于形式美法则，遵循这一基本法则可以逐步形成我们对建筑构图法则的理解与总结。在中国传统建筑中，构图比较强调规格形制和样式做法，涉及艺术装饰、符号形式、尺度对比等式样法则；在现代建筑中，构图比较强调建筑在功能上的合理、技术上的完善与空间形式的完美统一，涉及对现代建筑构成的要素组织、模数标准、技术体系的熟练掌握。因此，对设计基础的学习需要熟悉相关构图法则，依据建筑设计作品形式语言的理解，并结合线律基础的诸多练习，从而形成具有一定视觉心理的构图组织能力及审美认知能力。

2.1.2 法则

形式美是一种具有相对独立性的审美法则，它是指构成事物的物质材料的自然属性及其组合规律所呈现出来的审美特征。形式美的构成因素一般分为两大部分：一部分是构成形式美的感性质料；一部分是构成形式美感性质料之间的组合规律或者说是构成规律、形式美法则。

形式美的审美表现出现实美和表现美两种倾向。形式美在现实美（自然美和社会美）中，主要是指现实审美对象的排列组合、感性显现、形状、轮廓等的美；在表现美中除了艺术作品所类似现实美的形式美之外，也指艺术的内容（社会生活和审美意识）的赋形和构形之表现美。同时，美是以情感为中介的意识形态属性或价值，形式美的生成都与情感有着不可分割的内在联系。例如，在建筑的审美中，高耸的空间有向上的动势，使人产生崇高和雄伟感；宽敞而低矮的空间有水平延伸趋势，使人产生开阔通畅感；纵长而狭窄的空间有向前的动势，使人产生深远和前进感。因此，情感是建筑审美活跃且重要的心理因素，审美主体通过情感选择、情感加工、情感建构展开建筑审美活动并获得具体的个性化审美对象。

最早研究形式美规律的是古希腊毕达哥拉斯（公元前580—前500年），他提出了古希腊第一个美学命题："美是数的和谐"。柏拉图与毕达哥拉斯如出一辙，认为对形式美的研究应建立在完美的数学比例中，古希腊的建筑、雕塑喜欢按和谐的比例来设计建造。黑格尔总结了形式美规律："对称均衡、单纯齐一、调和对比、比例、节奏韵律和多样统一"。美国建筑学家托伯特·哈姆林在其《建筑形式美的原则》中认为，建筑美学的十大法则是统一、均衡、比例、尺度、韵律、布局中的序列、规则的和不规则的序列设计、性格、风格、色彩等。因此，无论绘画、雕塑，还是建筑，它们美感的基础都是要建立一套和谐的秩序，并在秩序的基础上产生一定的变化，只有这样才能给人以美的视觉感受。

下面我们结合相关文献整理出设计基础中需要学生学习掌握的部分建筑构图法则的内容：比例与尺度、统一与变化、韵律与节奏、对比与调和、均衡与稳定等。

1. 比例与尺度

（1）比例

比例（proportion）首先是一个数学术语，表示两个或多个比相等的式子。在形式美法则中，比例是指建筑各构成要素自身、各构成要素之间或部分与整体之间在量度上的关系。比例在数学关系中表现为物体在长、宽、高三个方向量度上部分与整体适度的比率关系，一般不涉及具体量值。形式美法则认为，一切造型要素都涉及比例和谐的问题，和谐的比例能产生美感。

那么，怎样才能获得和谐的比例呢？人们在形式创造的同时不断发现并提取形式美的密码。古罗马时期，维特鲁威的《建筑十书》记载了希腊人曾经根据男子脚长与身高的比例来决定柱底直径与柱高的比例，从而创造了多立克柱式，而后又根据女性的形象特点创造了象征窈窕修长的女性形象的爱奥尼柱式。因为当时的建筑没有统一的丈量标准，维特鲁威在此书中谈到把人体的自然比例应用到建筑的丈量上，并总结了人体结构的比例规律。

文艺复兴时期，艺术歌颂人体美，主张人体比例是世界上最和谐的比例。达·芬奇为《建筑十书》写了一部评论，《维特鲁威人》就是他在 1485 年前后为这部评论所作的插图（图 2-1）。《维特鲁威人》堪称西方艺术史上最著名的绘画之一。此画的构图由一个圆圈、一个正方形和一个男性裸体构成。图上两条手臂伸开与身体长度相同，当他伸展四肢时身体外接一个圆，圆心位于肚脐。他的整个身高除以肚脐的高度等于经典的黄金比例（1 ∶ 1.618），也称为黄金分割。

文艺复兴时期的建筑讲究秩序和比例，拥有严谨的立面和平面构图以及从古典建筑中继承下来的柱式系统及其比例关系。以石制柱梁作为基本构件的建筑形式——古典柱式——成为研究西方古典建筑形式美学研究的钥匙。我们这里说的西方古典建筑是指从古希腊古罗马继承发展的古典柱式，再加上拱券、穹顶等元素和混凝土技术，经过文艺复兴和古典主义时期的进一步发展，一直延续到 20 世纪初，在世界上成为一种具有历史传统的建筑体系——西方古典建筑。

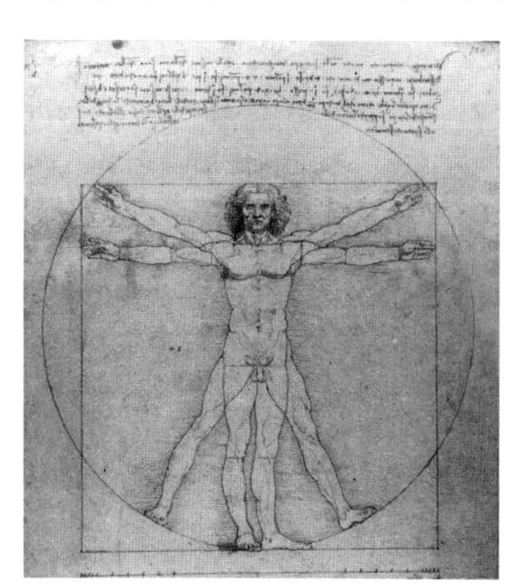

图 2-1　达·芬奇《维特鲁威人》

（2）尺度

尺度一般不是物体真实的尺寸，而是表达一种大小关系及其给人的体量感觉。哲学家普罗泰戈拉在《论真理》一书里最著名的一句话就是“人是万物的尺度”，这句话表明，一般尺度大小表达的是与人体的相对关系。比例与尺度反映的是不同的概念，比例是指建筑物各部分之间在大小、高低、长短、宽窄等数学上的关系；而尺度所研究的是建筑物的整体或局部给人感觉上的印象大小与其真实大小之间的关系，以及这种关系给人的感受。因此，比例是一个相对的概念，而尺度是绝对的体量关系。

在建筑设计中，比例和尺度是相辅相成的。人体尺度和人体活动所需的空间大小是确定建筑空间尺度的基本依据。包括人体、家具和活动空间构成了建筑及其尺度的基础，构成了基本的建筑空间。同时，不同规模的建筑存在着不同的尺度，而不同尺度的建筑，在设计上的处理手法是不同的。小尺度建筑就如同一个对话装置，能够与周边的环境存在相互表达的空间关系，我们能够很好地在场地环境中感受和体验，包括地形地貌、温度、湿度、阳光、植被，甚至是声音、景象等。大尺度的建筑则重新界定了现代城市的尺度特征以及相对于人的尺度感，不断定义着高耸感、体量感、压迫感的尺度界限。

建筑设计要同时考虑到建筑的建造，包括材料、结构与工艺的实现对尺度也有着很大的影响。由于编织、砌筑、浇筑、装配等施工工艺不同，也会影响不同建筑表达的形式与尺度。同时，不论多大规模的建筑，都是从小尺度出发，不断组合而成，这种部分与整体的关系是建造过程的体现，最终也蕴含于建筑的整体结构与形式之中。例如，中国古代普遍采用木作技术形成基本开间，再用梁柱框架加斗拱的形式营造出巨型大坡木屋顶，而古代西方则掌握了混凝土浇筑技术，用拱券结构建造他们宏伟恒久的穹隆屋顶。但是，古代东西方都无法造出宽大的平屋顶，究其原因就是都没有找到可以支撑巨大尺度平屋顶的结构体系或建筑材料。

2. 统一与变化

统一与变化是自然与社会发展的根本法则，统一是一种秩序的表现和一种协调的关系，其合理运用是造型形式美的技巧所在，也是衡量艺术的尺度，是创作必须遵循的法则。统一是将变化进行整体统辖，将变化进行有内在联系的设置与安排，其主要呈现在视觉上的统一，是形象之间、色彩之间密切结合的相互关联，是有秩序、有条理的一致性。

统一体现了各种事物的共性和整体性，变化则体现了各种事物的千差万别。统一是强调物质和形式中各种因素的一致性方面，变化是强调各种因素之间的差

图 2-2 巴黎圣母院立面的统一与变化

异性，造成视觉上的跳跃。统一与变化总是同时存在的，变化是各组成部分的区别，统一是这些有变化的部分经过有机地组织，使其从整体得到多样统一的效果。

统一与变化是适用于任何艺术表现的一个普遍原则，是对立统一规律在建筑构图中的应用，这是建筑构图形式中贯穿一切的基本问题。元素形式的统一与变化是非常重要的，相比有规律的与没有规律的立面，人们会觉得有规律的立面看上去更为舒适，但相同因素的过多使用会使人产生单调感，需要在合适的位置进行立面的变异。建筑构图要在变化中求统一，统一中求变化，力求变化与统一得到完美的结合。包括对比与调和、韵律与突变、联系与分隔、均衡与稳定等，都是为了取得构图上的统一与变化（图 2-2）。

3. 韵律与节奏

简单地说，凡是规则的或不规则的反复和排列，或是属于周期性、渐变性的现象，均是韵律。韵律原是诗歌中常用的名词，是指诗歌中的声韵和律动，音的轻重、长短、高低的组合，匀称间歇或停顿。在形式美学中，韵律是一种以理性、重复性、连续性为特征的美的形式。韵律能够形成一定的节奏规律，让人产生美的秩序感受。借助韵律可以加强整体的统一性与丰富变化的和谐，当然，韵律关系如果没有处理好会产生杂乱或呆板的体验。

建筑的韵律按照其构成方法可分为连续韵律、渐变韵律、起伏韵律、交错韵律。连续韵律指恒定的距离和关系，可以无止境地绵延。渐变韵律指连续的要素在某一方面按照一定的秩序而变化。起伏韵律指渐变韵律按一定的规律，时而增加，时而减小。交错韵律指各组成部分按一定规律交织、穿插而形成。

节奏和韵律同时也是时间艺术的用语，在音乐中是指音乐的音色、节拍的长短、节奏快慢按一定的规律出现。可以说，节奏是自然、社会和人的活动中一种与韵律结伴而行的有规律的突变。在形式美学中，节奏和韵律是指在装饰图案设计中各元素（如点、线、面、形、体、色）给观者的视觉心理带来的有规律的秩序感和运动感。节奏是与韵律相伴出现的，有规律的突变会产生节奏，无规律的突变会打破韵律，当然，节奏也就乱了。节奏不仅存在于声音，景物的变化和情感的变化都存在节奏。在包括建筑高度、宽度、深度、时间等多维空间内的有规律或无规律的阶段性变化都称为节奏。

在形式美中，韵律与节奏的突出特点就是有一定的秩序感，表现为渐变与突变两种形式。渐变分为量的渐变和质的渐变。前者是指量的增加或减少，也就是量变；后者是指新质的逐渐积累和旧质的逐渐衰减，也是质变的一种形式。形式美构成中的渐变是指基本形或骨骼逐渐地、有规律地循序变动。它会产生节奏感和韵律感。渐变是一种符合规律的自然现象，自然界中物体近大远小的透视现象、水中的涟漪等，都是有秩序的渐变现象。没有变化的节奏虽有形态的秩序感，但缺少活力。而无规律的形态重复，则构不成韵律，其形态必然杂乱无章。造型若是少了韵律感，就会少了活力而显得过于安定呆板，有了韵律的变化便显得活泼而有生气，在视觉与心理上都具有动态感受（图 2-3）。

图 2-3　立面构图的韵律与节奏变化

4. 对比与调和

对比是利用空间的差异性来获得形式上的统一。对比主要用于强调各元素之间的关系，当各元素间大小不一，就能够产生主次、轻重、远近等方面的美学特征。诸如，大与小、虚与实、不同形状之间、不同方向之间、不同色彩或不同质感的对比等。对比的最终目的是相互衬托，借助于相互间的烘托陪衬而求得变化，使重点突出；调和是对形状、色彩、线条等各种造型要素的调和关系。对比的手法主要有，疏密对比、虚实对比、长短对比、高低对比、曲直对比、大小对比等。

微差就是借助形式要素相互间的协调与连续性而求得调和，增强建筑的统一感。相邻两者之间变化甚微，保持有连续性，表现为微差。在形式美法则中微差也叫作调和，是事物形态变化的连续性和层次性。对比是显著的差异，微差则是细微的差异。对比在空间组合方面体现得最为明显，两个相邻空间大小悬殊，当由小空间进入大空间会产生豁然开朗的强烈对比。缺乏对比的东西会使人感到单调，微差借彼此之间的协调和连续性以求得调和，使其富于变化却不单调乏味。

对比和调和若单独运用，各有所长，也各有不足。过分强调对比就失去了相互之间的协调一致性，通常对比和调和的手法需要相互配合（图 2-4）。

5. 均衡与稳定

均衡是指在特定的空间范围内，诸形式要素之间视觉力感的平衡关系。在自然界里，相对静止的物体都是遵循力学的原则以安定的状态存在着的。这个事实使人们在审美上产生了视觉平衡的心理。每当人们看到一种不平衡的构图时，就会通过自动类比，在自己身体之内经验到一种不平衡。均衡与稳定都是一种稳定态，主要是指建筑物在体量组合方面的视觉平衡感和稳定感，它是取得统一与变化的一种手段。均衡与稳定不仅仅体现在形体方面的视觉平衡，还包括色彩搭配、重量质感、力学结构等方面的平衡稳定。

在建筑设计中，建筑的空间结构形态最能传达力的形态美学。例如，建筑的悬拉结构会制造一种力学传导的动态的均衡与稳定。随着高强材料的出现，“拉力”在结构的平衡与稳定中起着越来越大的作用。从根本上改变了传统建筑基于力学原理之上的空间造型特征，不仅会变得轻巧、雅致，甚至给人以飘然失重的感觉，而且在一些情况下还富有奇妙、惊险之类的艺术效果。这是一种动态的均衡与稳定（图 2-5）。

图 2-4 立面的虚实对比与调和

图 2-5 均衡与稳定

2.1.3 表现

1. 形象的传达

表现是思维的形象传达，设计在很大程度上依赖表现，并且，图示语言的准确表达和新颖的创意同等重要。保罗·拉索总结了图示思维的运用，包括六个层面：表现、抽象、手法、发现、检验和激励。其中，表现是思维的形象传达，使人们能够预先看到实现的可能程度和最后的结果。抽象包括图示语言抽象和设计内容的抽象，抽象完成了设计概念从具体形象向抽象图形转化的过程。手法是指应用图示思维进行设计处理，使图示具有启发性，手法的目的在于变化图解从而扩展设计师的思考。发现是寻找设计构思灵感的过程，发现的过程包括创造和构思成型。检验是方案选择与评价的过程，通过综合评价、精心推敲形成方案。激励是指设计师用绘画向人们阐明设计想法，同时又是进一步探究自己设想的方法。

建筑“生于艺而成于境，重在人而基于居”。意思是虽然建筑是被设计创造的，但却因环境而生成，且以人为本，满足人们的使用需求。建筑存在的环境我们称为外部环境，区别于建筑的内部环境。建筑及其外部环境的表现构成了建筑思维形象传达的重要内容。建筑表现的基础训练把绘画作为表现建筑的手段，就产生了建筑画。设计的全过程中经常用建筑画予以表现，因此建筑的学习需要熟练掌握建筑表现技法。

2. 形态的表现

黑格尔在《美学》中指出，表现是一种感性存在或一种形象。建筑艺术是指按照美的规律，运用建筑独特的艺术语言，使建筑形象具有文化价值和审美价值，具有象征性和形式美，体现出民族性和时代感。美的表现形式有千百万种，每个人对美的标准和认知也不尽相同。我们常说的美，一般有两种概念：形式美和内容美。形式美属于人的视觉直观感受，美的形式能令人赏心悦目、心情舒畅。内容美也可称为知性美或深邃美，因为这种美是通过内在的内容表达出来的部分和整体的和谐。建筑的表现应结合建筑的个性，作为一种感性的存在，我们可以通过下面几方面对建筑的表现进行形式审美。

（1）本体美

本体可以理解为建筑的本身，即建筑的实体。建筑之美是形式上的关系，依靠建筑本身的形式创造来激发人们的审美情感，而与建筑的内涵以及外来的概念无关。也就是基本的形式美法则符合人们基本的审美经验与审美判断。本体美也是一种传统的自然美，它强调形式与功能结合，注重体量、色彩、比例、尺度、材料、质感等视觉审美要素及空间给人的心理感受（图 2-6）。

（2）象征美

建筑艺术中的象征，是通过构筑出具有特定特征的空间形式或外部形象来表达一定的思想含义，表现出特定环境中的自然及社会文化特征，进而达到建筑师

图 2-6　东北大学浑南校区风雨操场入口透视的形式美——本体美

与使用者之间情感上的交流。象征有两种因素，一是意义本身，二是意义的表现。象征将建筑的感性形象与某种抽象观念联系起来，就像将莲花出淤泥而不染的形象与君子高尚品德的象征联系起来。

（3）结构美

结构是构成建筑艺术形象的重要因素，结构本身就富有美学表现力。结构的平衡和稳定与建筑构图中的形式美规律是一致的，结构的连续性与渐变性是造成视觉空间连续和流动艺术效果的重要原因。同时，为了达到安全与耐久的目的，建筑的力学结构体系按照构件的一定的规律组成，这种规律性不仅使结构简化受力合理，而且本身也具有美学效果，结构的力度感和形式感[①]会对人的精神产生强烈的感染力。例如，高技派的建筑美学就是一种技术理性的展示，高技派建筑的技术基础之一就是新的结构技术，其结构系统与建筑空间、立面表皮、细部构造共同形成了结构美。

（4）生态美

20 世纪 70 年代以来，能源危机引发了生态设计思想，出现了生态建筑学等学科。生态建筑学的目标是通过平衡自然、社会、经济的发展来创造整体有序、和谐共生的人工生态环境。在自然中，众多生命与其生存环境所表现出来的协同关系与和谐形式就是一种自然的生态美。建筑的生态美是指与生态和谐的伦理标准相关的审美标准，在与生态的共生视域中，建筑的审美需考量建筑与自然的和谐统一关系——建筑的节能、永续利用、可降解建筑材料的使用等。造成环境污染、景观破坏、能耗巨大等对自然充满破坏力的建筑显然根本谈不上美。

（5）仿生美

仿生建筑以生物界某些生物体功能组织和形象构成规律为研究对象，探寻自然界中科学合理的建造规律，并通过这些研究成果的运用来丰富和完善建筑的处理手法，促进建筑形体结构以及建筑功能布局等的高效设计和合理生成。仿生美可以理解为从形式上追求象形的本体美从内容上追求生态美。从某种意义上说，

---

① 形式感是指艺术领域中形式因素，如线条、空间界面、空间体量、材料质地及其色彩等，在一定条件下都可以产生一定的形式感。

仿生建筑也是绿色建筑，仿生技术手段也应属于绿色技术的范畴。建筑仿生可以是多方面的，也可以是综合性的，如能成功应用仿生原理就能创造出新奇和适应环境生态的建筑形式。仿生美同时也可以是本体美、象征美、结构美或生态美的一部分。建筑仿生学是新时代的一种潮流，今后也仍然会成为建筑创新的源泉和保证环境生态平衡的重要手段。

3. 绘图的表达

除了建筑的表现，形式美的构图、法则等更体现于绘图的表现、设计的表现中。下一小节我们将接着介绍绘图要点、绘图工具与表现手段等内容。

2.2　绘图要点

线条是最能体现建筑张力的。手绘建筑的过程，似乎就是在用线条与建筑交流。手绘作为建筑师表现设计的手段，更是建筑师气质的重要体现。虽然伴随着计算机的普及和在绘图上的广泛应用，手绘记录或者手绘创作的工作方式日渐式微，然而，作为设计基础需要我们更加重视手绘能力。这里讲的手绘包括徒手画和工具制图两种，徒手画是设计构思与快速表达的关键技能，工具制图是建筑制图的重要方式。

1. 制图规范

建筑制图规范是建筑制图的基本规定，适用于总图、建筑、结构、给水排水、暖通空调、电气等各专业制图。制图规范的目的是统一建筑制图的规则，保证制图质量、提高制图效率，做到图面清晰、简明、符合设计、施工、存档的要求，适应工程建设的需要。

现行制图标准有：

《建筑制图标准》GB/T 50104—2022

《房屋建筑制图统一标准》GB/T 50001—2017

《总图制图标准》GB/T 50103—2010

2. 图幅

为了便于统一规格和存档，图纸一般应具有统一的尺寸即图幅。图幅的选择既要考虑绘图内容的多少，又要考虑绘制的方便，较小的图幅便于绘制，但所绘制的内容较少，图幅较大时所含的内容较多，但绘制时不方便。图纸尺寸有 5 种常见规格，分别为 A0、A1、A2、A3 和 A4。这 5 种图纸规格的长边与短边的比例一致，均为 1.414213562。简单来说，图纸差一号，面积就差一倍。A1 是 A0 的对裁，A2 是 A1 的对裁，以此类推（表 2-1）。

幅面及图框尺寸（mm） 表 2-1

尺寸代号 \ 幅面代号	A0	A1	A2	A3	A4
$b \times l$	841 × 1189	594 × 841	420 × 594	297 × 420	210 × 297
c	10			5	
a	25				

注：表中 b 为幅面短边尺寸，l 为幅面长边尺寸，c 为图框线与幅面线间宽度，a 为图框线与装订边间宽度。
（资料来源：《房屋建筑制图统一标准》GB 50001—2017）

3. 线型

线型包括实线、虚线、单点长划线、双点长划线、折断线、波浪线等。图线的宽度应根据图样的复杂程度和比例，并按现行国家标准《房屋建筑制图统一标准》GB/T 50001 的有关规定选用（表 2-2）。

线型宽度组（mm） 表 2-2

线宽比		线宽粗			
b	粗	1.4	1.0	0.7	0.5
$0.7b$	中粗	1.0	0.7	0.5	0.35
$0.5b$	中	0.7	0.5	0.35	0.25
$0.25b$	细	0.35	0.25	0.18	0.13

注：1. 需要缩微的图纸，不宜采用 0.18mm 及更细的线宽。
2. 同一张图纸内，各不同线宽中的细线，可统一采用较细的线宽组的细线。
（资料来源：《房屋建筑制图统一标准》GB 50001—2017）

粗实线：平、剖面图中被剖切的主要建筑构造轮廓线；建筑立面的外轮廓线；平立剖的剖切符号等。中实线：平、剖面图中被剖切的次要建筑构造轮廓线；建筑平立剖面图中建筑构配件的轮廓线。细实线：细图形线、尺寸线、尺寸界线、图例线、索引符号、标高符号、引出线等。

虚线：建筑构配件不可见的轮廓线；拟扩建的建筑物轮廓线、图例线等。

单点长划线：中心线、对称线、定位轴线。

双点长划线：假想轮廓线、用地红线。

折断线：不需要画全的断开界线。

4. 字体

一个设计作品的表达，通常是由文字和图示两大元素构成的。所以我们也应该学习一下字体的设计，了解字体的笔画、笔顺、结构、字体重心点、字面大小等。工程图纸上所需书写的文字、数字或符号等，均应笔画清晰、字体端正、排列整齐；标点符号应清楚正确。图纸中的字体大小应该依据图纸幅面、比例等情况从国家标准规定的字高中选用。字高大于 10mm 的文字宜采用 True type 字体，当需书写更大的字，其高度应按$\sqrt{2}$的倍数递增，并以 mm 为单位取整数。

按照《房屋建筑制图统一标准》GB/T 50001—2017 中关于字体的规定，图样及说明中的汉字，宜采用长仿宋体，大标题、图册封面、地形图等的汉字，也可书写成其他字体，但应易于辨认。其中，长仿宋字是普遍使用的工程字体。仿宋字的每个单字大多是一个平衡的结构体系，要求轴线直立，重心大体居中。具体做法是，把字结构的轴线和重心同字格的轴线和重心分别重合，字就端端正正地摆放在字格内（图 2-7、图 2-8）。

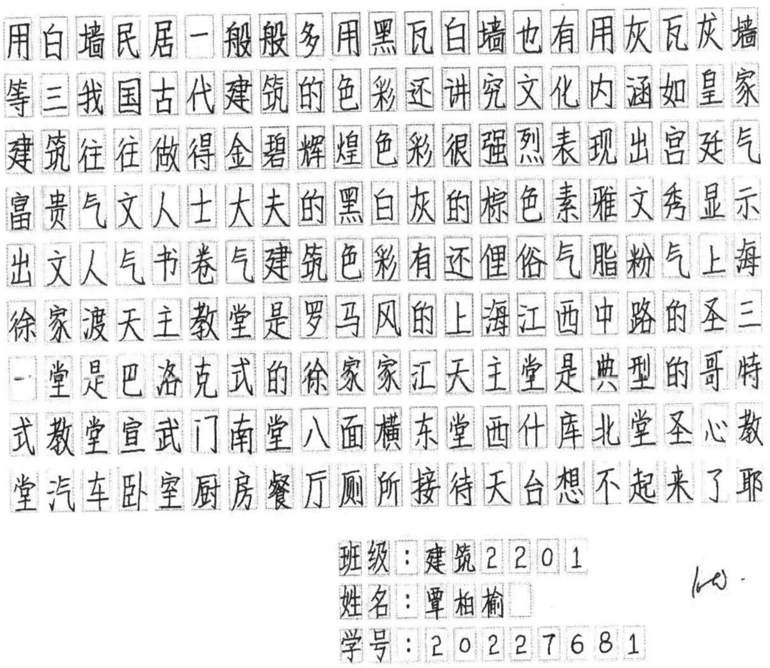

图 2-7　仿宋字练习

（图片来源：东北大学江河建筑学院建筑类 2022 级覃柏榆）

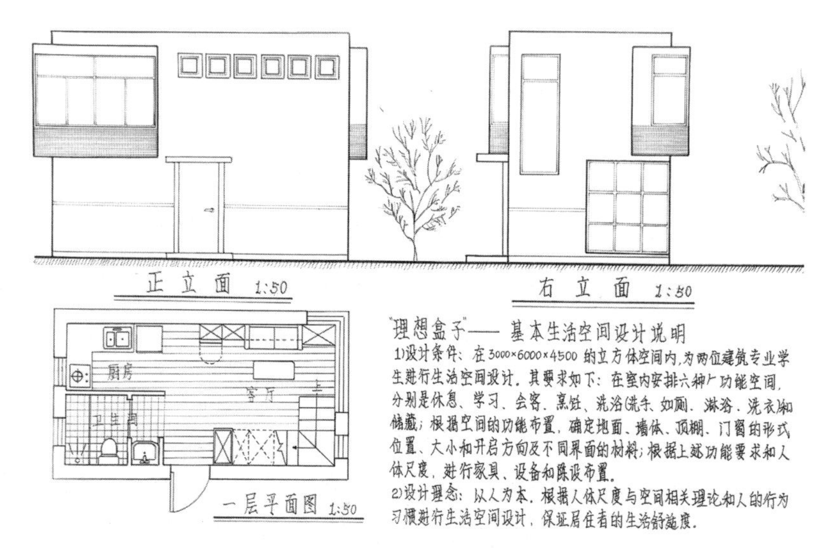

图 2-8 仿宋字在图纸和设计说明中的使用示例

（图片来源：东北大学江河建筑学院建筑类 2021 级郭梦锦）

在设计基础的学习中，我们需要强化手绘制图技能，要求学生练习手写仿宋字。仿宋字手写笔画的首、尾和转折处常有粗重尖耸的三角形锋角，浑厚凝重，是这一书体标志性的特征。例如，横画与竖画。横画一般向右上方稍有倾斜，倾角在 5°~10° 左右，横画的落笔和收笔需筑锋，中段匀速滑行，不得停驻。竖画有直竖和曲头竖两种。直竖首尾筑锋。曲头竖则是收笔有锋而落笔不筑锋，先是斜入笔，在按笔的同时调转笔尖运行方向，然后转为向下滑行，常用于和横向笔画首端相连时的场合。

5. 单位与比例

在建筑制图中，除标高及总平面图以“m”为单位外，其余均以“mm”为单位。

图样的比例是指图形与实物相应要素的线性尺寸之比。比例的符号为“：”，比例应以阿拉伯数字表示。比例的大小是指其比值的大小。例如，1：50 大于 1：100。根据《房屋建筑制图统一标准》GB/T 50001—2017，建筑物或构筑物的平面图、立面图、剖面图比例通常可为 1：50、1：100、1：150、1：200、1：300；建筑物或构筑物的局部放大图比例通常可为 1：10、1：20、1：25、1：30、1：50；配件及构造详图比例通常可为 1：1、1：2、1：5、1：10、1：15、1：20、1：25、1：30、1：50。

在城乡规划的图纸中，通常比例尺较小，如 1：500、1：1000、1：2000、

1∶5000、1∶10000、1∶20000、1∶50000、1∶100000、1∶200000。按地图比例尺范围是大比例尺，大于1∶10万；中比例尺，1∶10万~1∶100万；小比例尺，小于1∶100万。

6. 符号

（1）详图索引符号（索引符号）

图样中的某一部位，如需另见详图，应用索引符号加以注明。索引符号由直径为10mm的圆和水平直径及引出线组成（均采用细实线）。

索引符号的标注分四种情况：

①详图与被索引的图样在同一张图纸上，索引符号上半圆中用阿拉伯数字或字母注明详图的编号，在下半圆中画一水平的细实线。

②详图与被索引的图不在同一图纸内，上半圆内仍为详图的编号，下半圆中注明该详图所在图纸的图号。

③索引出的详图，如果采用标准图，则在水平直径的延长线上注明标准图册的编号。

④索引符号如用于索引剖视详图，则在被剖切的部位绘制剖切位置线（粗实线），引出线所在的一侧为投射方向。

（2）引出线

引出线应以细实线绘制，宜采用水平方向的直线，与水平方向成30°、45°、60°、90°的直线，或经上述角度再折为水平线。文字说明宜注写在水平线的上方，也可注写在水平线的端部。索引详图的引出线，应与水平直径线相连接。同时引出的几个相同部分的引出线，宜互相平行，也可画成集中于一点的放射线。

（3）剖切符号

假想建筑物被切开的符号，用以引出剖面图。剖视的剖切符号应由剖切位置线及剖视方向线组成，均应以粗实线绘制。剖切位置线的长度宜为6~10mm；剖视方向线应垂直于剖切位置线，长度应短于剖切位置线，宜为4~6mm，也可采用国际统一和常用的剖视方法，剖视剖切符号不应与其他图线相接触。剖视剖切符号的编号宜采用粗阿拉伯数字，按剖切顺序由左至右、由下向上连续编排，并应注写在剖视方向线的端部。建（构）筑物剖面图的剖切符号应注在±0.000标高的平面图或首层平面图上（图2-9）。

7. 定位轴线

定位轴线是用来确定建筑物主要承重构件位置的基准线，用细点划线表示，并在线的端头画直径为8mm的细实线圆。建立轴网是绘制平面图的第一步。平面图上定位轴线的横向编号用阿拉伯数字从左至右顺序编写，竖向编号由下向上用大写拉丁字母顺序编号（I、O、Z不能用），字母数量不够用时，可用双字母或单字母加下脚标，如AA，AB，AC，A_1、A_2、A_3等。对于一些次要构件，常用附加轴线定位。其编号以分数表示，分母表示前一基本轴线的编号，分子表示附加轴线的编号，编号采用阿拉伯数字。组合较复杂的平面图中定位轴线也可采用分区编号。编号的注写形式应为“分区号—该分区编号”。“分区号—该分区编号”采用阿拉伯数字或大写拉丁字母表示（图2-10）。

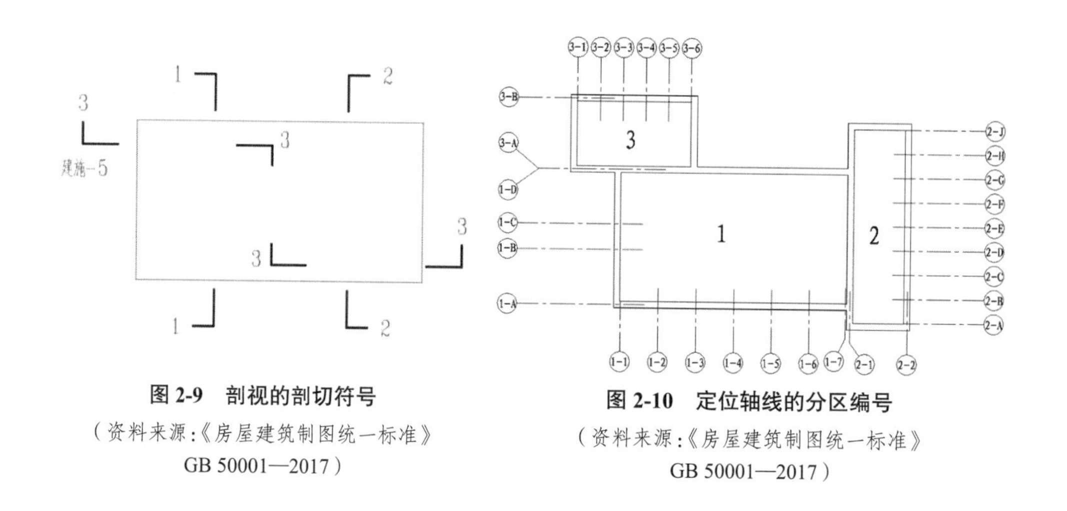

图2-9　剖视的剖切符号

（资料来源：《房屋建筑制图统一标准》GB 50001—2017）

图2-10　定位轴线的分区编号

（资料来源：《房屋建筑制图统一标准》GB 50001—2017）

8. 尺寸标注

建筑制图中需要标注各种尺寸，每一个尺寸由四部分组成：尺寸界线、尺寸线、尺寸起止符号和尺寸数字。

尺寸界线用细实线绘制，并由图形的轮廓线、轴线或对称中心线处引出。也可利用轮廓线、轴线或对称中心线做尺寸界线。尺寸界线要超出尺寸线2~5mm。

标注线性尺寸时，尺寸线必须与所标注的线段平行。尺寸线不能用其他图线代替，一般也不得与其他图线重合或画在其延长线上。对于相互平行的尺寸线，小尺寸在内，大尺寸在外，依次排列整齐。尺寸终端符号有两种形式：箭头和斜线。当尺寸很小无法画箭头时，可用圆点表示。

尺寸起止符号一般用中粗短斜线绘制，其倾斜方向与尺寸线成顺时针45°角，长度宜为2~3mm。

尺寸数字一般应注写在水平尺寸线的上方，竖直尺寸线的左方，也允许注写在尺寸线的中断处。尺寸数字应与尺寸线保持平行且字头朝上。尺寸数字不可被任何图线所通过，否则必须将图线断开。

9. 图例

图例是集中于图纸一角或一侧的建筑制图中各种符号和颜色所代表内容与指标的说明，有助于更好地认识图纸。

2.3　绘图工具

1. 绘图板

绘图板是用来安放图纸及配合丁字尺、三角板等进行作图的工具。绘图板由中间的木龙骨、两面的胶合板和周边的木板条构成。胶合板一般用软木材料，便于图钉固定图纸；周边的木板条则用硬木制成，防止磕碰对图板的损毁，以免影响绘图。图板应表面平整，四周平直。学生可选择一面较为平整的板面作为绘图的正面。

图板的规格有 A0、A1、A2 和 A3，图板的大小尺寸以所需绘制图纸的大小规格来选定，学生一般选用 A1 较为合适，能满足一般图幅绘制的要求。使用前先确定导边、工作表面，常与丁字尺配合使用，制图时图板通常倾斜 10°~15°。要求板面平坦、光洁，左边是导边，必须保持平整。

图板不可用水刷洗或在日光下暴晒，以防变形；不使用时，以竖放保管为宜。在作业时，有时会用绘图板进行裱纸，所以建议学生准备两块绘图板，分别用于绘图和裱纸，以免造成图板损坏影响绘图质量。

2. 图纸

绘制工具图可用不透明的白图纸，亦可用半透明的晒图纸，对于学生来讲使用更多的是前者。白图纸按其单位面积重量的不同有不同的厚度，在绘制工具图时一般选择较厚的图纸为好，便于在绘制错误时修复图面。半透明的晒图纸一般用于绘制工具线条图，绘制完成后可进行晒图，墨线画错时，可用刀片刮去，晒图纸绘图在学生时期用得较少。

3. 丁字尺

丁字尺为画水平线和配合三角板作图的工具。丁字尺由相互垂直的尺头和尺身组成，外形如汉字的“丁”字故而得名。丁字尺一般用有机玻璃制成，其长度一般较图板的长边长出 10cm 为好。丁字尺一般用于绘制水平线和用于三角板的靠放。

使用丁字尺时，尺头应紧靠图板的左侧——导边，在画同一张图纸时，尺头不可以在图板的其他边滑动，以避免图板各边不成直角时画出的线不准确。作图时，左手把住尺头，使它始终靠紧图板左侧，然后上下移动丁字尺，直至工作边对准要画线的地方，再从左向右画水平线。画较长水平线时，可把左手滑过来按住尺身，以防止尺尾翘起和尺身摆动。同时，也要注意保持绘图笔与丁字尺的角度，以免水平线绘制发生偏转。

丁字尺平时应注意保管，利用丁字尺和刀片裁切纸张时，切勿使用带有刻度的一侧，避免刀片划伤尺身影响制图。丁字尺用完后，宜竖直挂起来，以免尺身弯曲变形或折断。

4. 三角板

三角板除了可直接用来画直线外，还可以配合丁字尺画铅垂线和 30°、45°、60° 等特殊角度的斜线。一套三角板一般为两只，一只三角板的三个角分别为 45°、45° 和 90°，另一只三角板的角度分别为 30°、60° 和 90°。

①单块三角板不能独立来画平行线组，必须紧靠丁字尺尺身，水平移动。

②三角板与丁字尺配合使用，可画出垂直线。画垂直线时，画线须靠在三角板的左边自下向上画线。

③利用两种角度的三角板组合，可画出 15° 及其倍数的各种角度。

④两个三角板配合使用，也可画出各种角度的平行线（图 2-11）。

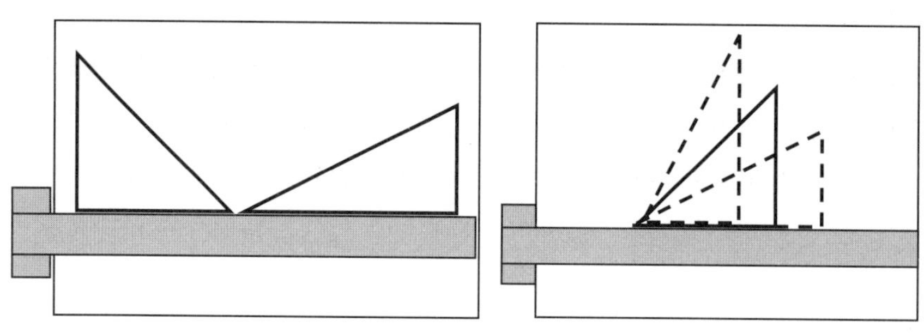

图 2-11　丁字尺与三角板

5. 绘图笔

（1）绘图铅笔

绘图铅笔有软硬之分，共分为 13 个等级，一般用 B 和 H 表示，最软的一般为 6B，最硬的一般为 6H。绘图时一般先用 H 或 2H 起底稿线，然后再用 H 或 HB（细线）、HB（中细线）、B 或 2B（粗线）铅笔进行描绘。质量好的铅笔其实际的软硬程度和标志的软硬程度是一致的，且笔芯没有杂质。

铅笔尖应削成锥形，笔芯露出 6~8mm。削铅笔要留出标号一端，以便始终能识别其软硬程度。铅笔要妥善保管，不得随意掉落硬质地面上，以防铅芯断裂。画线时，用力要均匀，持笔的姿势要自然，从正面看笔身应倾斜 60°，从侧面看笔身应铅直。握笔处不宜与笔尖距离过近，3~5cm 为宜，与写字的握笔位置有一定区别。使用铅笔运笔时，要适度地旋转，这样画出的线条粗细较为均匀、光滑，且笔尖与尺边距离始终保持一致，线条才能画得平直准确。

（2）针管笔

针管笔一般分为一次性使用的针管笔和可重复加墨水使用的针管笔，可重复加墨水使用的针管笔又可分为一般品质和高品质的针管笔，其价格相差悬殊，平时练习一般选择一次性使用的和可重复加墨水一般品质的针管笔。针管笔的笔尖是由内部的笔芯和外部的针套构成，由于针套直径的不同，针管笔有不同的粗细规格，在选择针管笔时应注意不同的粗细搭配，可按 0.1mm、0.2mm、0.4mm 和 0.7mm 各一支进行搭配。绘图时，运笔时用力应轻重适度，不可用力过大，以免损伤笔尖，并且笔尖应和图纸保持一定的角度（图 2-12）。

执针管笔姿势为笔杆倾斜 10°~15°，且不能重压笔尖，运笔速度及用力应均匀、平稳。运笔不当时会出现墨太多、墨太少或宽窄不一等现象，尤其是用较粗的针管笔作图时，落笔及收笔均不应有停顿。手腕不能左右转（转手腕线就不直

图 2-12　绘图铅笔、针管笔

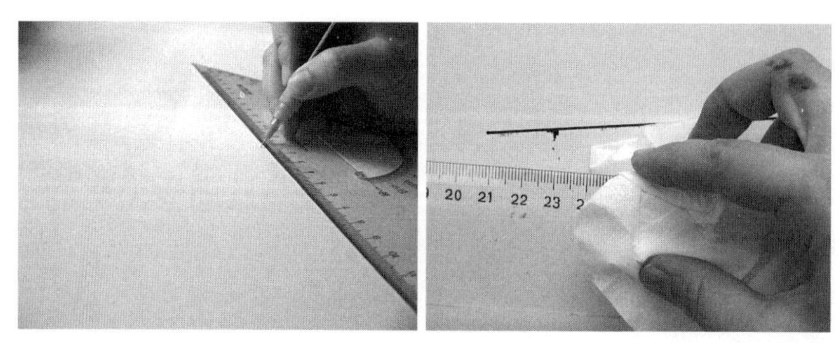

图 2-13　针管笔作图

了），主要靠大手臂用力，笔和纸的角度一定要始终一致。作图顺序应依照图面先上后下、先左后右、先曲后直、先细后粗的原则，绘图时笔垂直于运笔方向外，笔尖同时稍微向外倾，防止由于墨水渗入尺子下，延尺和纸的缝向内走，形成拖墨，破坏图面（图 2-13）。

6. 绘图墨水

绘图墨水有不同的种类，对于绘图来讲，墨水既要颜色黑，又要顺滑，不淹纸，而且画完了以后，墨水干得还要快。一般的绘图墨水和碳素墨水均可。

7. 绘图仪器

圆规：所谓尺规作图，“规”就是指圆规，圆规的作用是画圆和圆弧，这是我们绘画的一个重要工具。圆规的一腿可固定活动钢针，另一腿上附有插脚，根据不同用途可换上铅芯插脚、鸭嘴笔插脚、针管笔插脚、接笔杆（供画大圆用）。

分规：分规的形状与圆规相似，只是两腿均装有尖锥形钢针，是用来截取线段、量取尺寸和等分线段或圆弧线的绘图工具。分规两腿均装有锥形钢针，两条腿必须等长，两针尖合拢时应合成一个点。

8. 其他

比例尺：比例尺是用于放大（读图时）或缩小（绘图时）实际尺寸的一种尺子。如比例直尺和三棱尺。

曲线板：是绘制非圆曲线的工具之一，即绘制不规则曲线。曲线板上曲线的曲率一般是变化的。曲线板的尺寸有大小之分，配备中等尺寸的即可。

曲线尺：由内部铅条和外面的橡胶表面制成，可根据绘制的要求，弯成任意角度的曲线形状。

绘图模板：绘图模板的种类很多，有的是绘制各种几何图形的模板，如圆模板、方形模板、椭圆形模板等，有的则是专业性较强的模板，如建筑模板和其他专业用的模板，还有写数字和字母的模板。

作图时，根据不同的需求选择相应合适的模板。用模板作直线时，笔可稍向运笔方向倾斜。作圆或椭圆时，笔应尽量与纸面垂直，且紧贴模板。用模板画墨线图时，应避免墨水渗到模板下而污损图纸。

擦图片：是用于遮挡擦除修改图线的，其材质多为不锈钢薄片。

橡皮：用于擦去铅笔绘错的地方。橡皮有软硬之分，一般备较软的且耐硬化的较好。对于较大的橡皮可分割成几个小块，以防一时的丢失带来不便。

刀和刀片：用于削铅笔和裁纸，亦可为以后的模型制作刻纸板所用。可选择不锈钢材质宽度较窄，带固定旋钮且可更换刀片的为好。刀片是为修改墨线图所用的，一般用剃须用的软刀片即可，用刀片修改图纸时应以大拇指和中指夹住刀片，并以食指抵住刀片使刀片微弯且力度适中为佳，不可用力过大，以防图纸被割漏。

胶带和图钉：胶带纸和图钉是将图纸固定在图版上必需的用品。在绘图时为了便于工具的移动，一般用纸胶带较好。胶带纸有不同的宽度，一般宽度 1cm 宽度的即可。

毛刷和排笔：毛刷和排笔用于清除图面上的灰尘和橡皮擦屑。为了避免损伤纸面，在选择毛刷和排笔时，应选择羊毛较软的毛刷和排笔。毛刷和排笔的笔头宽度为 10~20cm。

2.4　表现手段

设计表现是研究设计方案表现设计构思的手段。主要包括：方案设计阶段研究方案使用的设计草图（包括徒手草图与工具草图）；方案基本确定之后表现与介绍方案所用的各种建筑表现图；方案实施阶段所用的建筑工程图。

城乡规划和风景园林也需要在方案设计阶段的设计草图和方案确定之后的成果表现图。不同的是，城乡规划的设计成果主要用于规划管控的文件编制或是涉及国土空间的数据管理等；建筑学和风景园林的设计成果需要落地实施，故都涉及方案实施阶段所用的施工图。

2.4.1 手绘表现

手绘设计表现是传统设计基础课程的基本内容，分为徒手线条、工具线条和渲染表现等内容。掌握好手绘能力是学好建筑类课程的基本前提。设计的核心是结合理性思维与感性思维对空间想象进行整体的创造，手绘的表达形式是利用画笔来直接描绘创作者的灵感和创意，手绘表达能够直接而迅速地将思维想象付诸实践。虽然计算机或工具的表达更为精细和准确，但是往往设计灵感稍纵即逝。可以说，手绘表达是最能体现设计特质的创作形式。

1. 铅笔表现

铅笔是素描练习中最常用的表现笔材，素描是一切造型艺术的基础。铅笔线条作为语言元素来进行创作表现是最基础的建筑画表现技法。铅笔表现包括木制铅笔、自动铅笔、彩色铅笔和炭笔等。以纯粹铅笔为主，依笔触形状（线条）的不同可分为直线笔触、曲线笔触、点状笔触、连续笔触、长三角形笔触和不规则笔触等。铅笔画法作为入门，是其他各类技法表现的基础。

彩色铅笔和我们画素描的步骤几乎相似，把握好黑白灰关系和形体结构构图，运用铅笔笔触技法上色表现（图 2-14）。

2. 钢笔表现

钢笔线条是钢笔表现的基础，其中单线技巧是钢笔画的灵魂，排线技巧是一种明暗结构的造型手法。钢笔表现通过对物体结构、明暗关系、画面比例、钢笔

图 2-14 铅笔表现

（图片来源：东北大学江河建筑学院教师单伟婷）

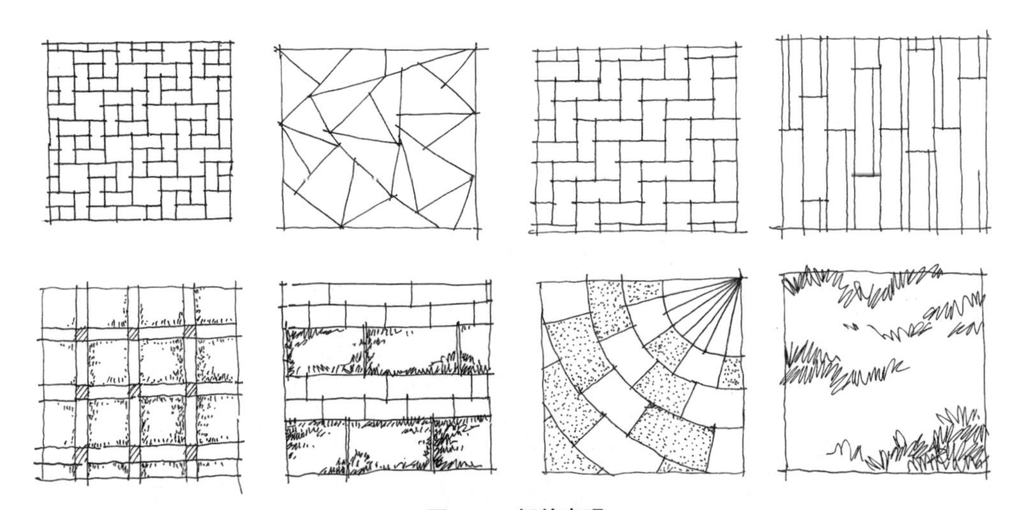

图 2-15　钢笔表现

（图片来源：东北大学江河建筑学院教师单伟婷）

线条艺术表现的控制技巧来表现画面中物体的质感。同时，对于画面留白、构图、主次比重的控制都决定了钢笔表现的艺术美感。线条的配合与线条的松紧是钢笔线条的训练重点，大量钢笔线条表现训练后的画面同时具备轻松的视觉感受和灵活的线条表现（图 2-15）。

钢笔画是以普通钢笔、蘸水钢笔绘制成的单色画。钢笔画工具简单，线条流畅、生动，富有节奏感和韵律感。钢笔画属于独立的画种，是一种具有独特美感的绘画形式。线条练习是钢笔画的表现基础，单线造型是钢笔画的灵魂，排线造型是一种严谨的影调造型手法。形体的质感的表现是通过线条的粗细、长短、曲直、疏密等排列、组合而表现的（图 2-16）。

3. 水彩渲染表现

建筑水彩渲染是基于建筑形体体量的层次表达——明暗、色彩。水彩渲染需要准备一些基本工具，如颜料、毛笔、水彩纸、调色碟等。水彩颜料具有透明性，其颜料溶于水沉淀于纸面，干涸后形成色彩固着。因此，水彩渲染首先需要裱纸，将水彩纸湿裱于图板四周粘裱，待干后水彩纸即固定于图板，易于水彩上色，上色纸面仍绷紧平整，颜料沉淀固着均匀，此为渲染。

水彩渲染的重点是运笔技法。渲染时将图板倾斜 10°~15°，水彩靠重力借助运笔退晕。运笔方法有水平运笔法、垂直运笔法、环形运笔法。运笔平涂或退晕要速度均匀，以使水彩沉淀时间一致，减少出现分层及不均匀现象。渲染方法分为平涂法、退晕法（又分为单色退晕法和复色退晕法）和叠加法。平涂过程

图 2-16　钢笔画

（图片来源：东北大学江河建筑学院教师单伟婷）

颜料浓度不变，退晕则逐渐加重浓度或加水稀释，叠加法是利用水彩的透明性重复上色。

4. 钢笔淡彩表现

钢笔淡彩是钢笔与水彩的结合，它利用钢笔勾画出空间结构和物体造型，运用水彩体现画面色彩关系的技法。其中，较为常用的技法是先用钢笔勾形，可适当体现明暗，但不宜过多，最后辅以淡彩着色。淡彩上色应洗练、明快，不宜反复上色，讲究笔触运用，深色的地方要一气呵成。

钢笔淡彩表现的基础是水彩渲染和钢笔技法的结合。钢笔淡彩不像水彩渲染那样主要以色彩表现为主，但基本表现的步骤是一致的。可分为：定基调、铺底色；分层次、做体积；细刻画、求统一；画配景、托主体。

5. 马克笔表现

马克笔是手绘表现最主流的上色工具，是一种书写与绘画专用的彩色笔。马克笔的笔触柔和，色彩饱满。马克笔线条绘制平滑，宽头一般用来大面积润色，细头表现细节，也可用宽头细锋刻画。马克笔通过横向竖向排线能够形成块面表达，做渐变可产生虚实变化，笔触的渐变会使画面透气，显得和谐自然。马克笔表现后也可结合彩铅技法，使画面更加细腻、丰富（图 2-17）。

图 2-17　马克笔表现

（图片来源：东北大学江河建筑学院教师单伟婷）

2.4.2　软件表现

1. 传统绘图软件

（1）Auto CAD

建筑绘图软件通常称为 CAD（计算机辅助设计）软件。CAD 主要用于建筑的平立剖设计，并且，建筑师可以使用此软件以生成建筑的技术图形，包含供承包商在建造最终建筑时使用的规格。使用者可首先进行绘制轴网，绘制墙体后对墙体进行加粗，再添加门窗和选择楼梯的方法来逐步绘制 CAD 建筑图纸。

（2）Photoshop

Photoshop 简称“PS”，是由 Adobe Systems 开发和发行的图像处理软件。Photoshop 主要处理以像素构成的数字图像。使用其众多的编修与绘图工具，可以有效地进行图片编辑工作。Photoshop 在学习阶段主要用于设计成果布图、建筑渲染图的后期效果制作等。

（3）Indesign

Indesign 是 Adobe 公司开发的平面四大软件之一，是专业排版领域的设计软件，强项是排多页文档，一般来说面对大批量的画册、书籍的排版时，设计师们都会选用 Indesign，以求创作出风格统一、美观的视觉效果。其是平面设计师、图文设计师、网页设计师、印前设计师等需要熟练掌握的排版设计软件。

（4）SketchUp

SketchUp 又名“草图大师”，可用于创建、共享和展示 3D 模型。它的优势在于可以非常快速地建模、修改、推敲和分析，并辅助建筑设计。不同于 3ds Max，它是平面建模，命令少，简单易学，操作简单。它有利于简单的几何形体推敲，具有强大功能的构思与表达能力，是建筑师快速建模需要学习和掌握的软件。

（5）3ds Max

3ds Max 是用于设计可视化、游戏和动画的三维建模和渲染软件。其建模功能强大，材质效果逼真，可与 CAD、SU、PS 等软件交互使用，拥有良好的兼容性。也可和插件配合，例如，3ds Max + VRay + Corona 可进行建筑动画表现。VRay 渲染器是 3ds Max 的一个插件，VRay 的现实世界模拟做得比较出色，渲染出来的图片比较接近现实空间中的光泽反射和折射。Corona 也是一款基于超写实照片效果的 CPU 渲染器，它可以通过插件的形式完整地集成在 3ds Max 中，可以渲染出高质量的、最逼真的视觉效果（图 2-18）。

（6）Rhino3D 软件

Rhino3D 是一个功能强大的高级建模软件，也是我们常说的“犀牛软件”。

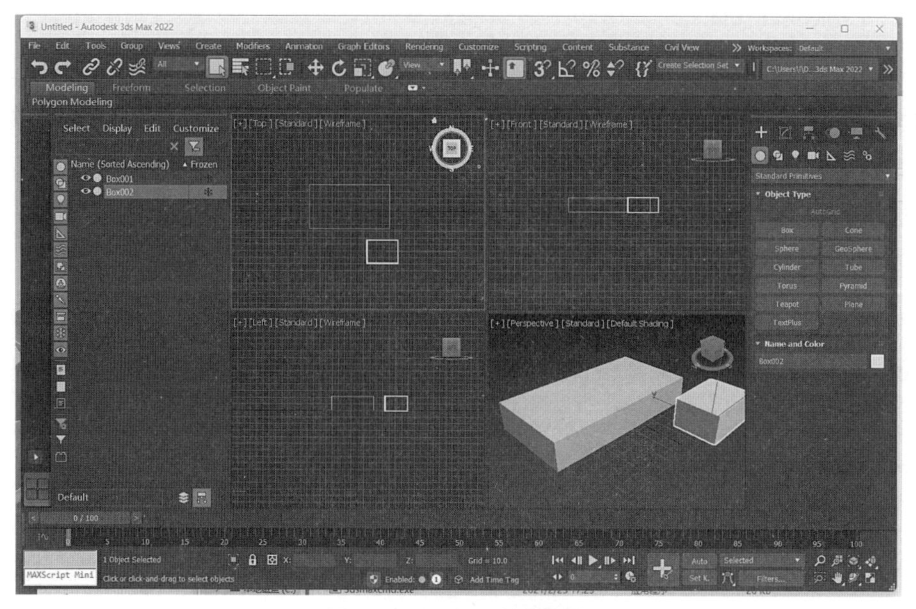

图 2-18　3ds Max 软件界面

Rhino3D 是三维建模高阶必须掌握的、具有特殊实用价值的高级建模软件。Rhino 早些年一直应用在工业设计专业，擅长产品外观造型建模，但随着程序相关插件的开发，近些年在建筑设计领域应用越来越广。Rhino 配合 grasshopper 参数化建模插件，可以快速做出各种优美曲面的建筑造型，其简单的操作方法、可视化的操作界面深受广大设计师的欢迎。

2. BIM 建模软件

BIM 是建筑信息模型（Building Information Modeling）的简称。BIM 是在建筑工程及设计全生命周期内，对其物理和功能特性进行数字化表达，并以此设计、施工、运营的过程和结果的总称。BIM 可以帮助实现建筑信息的集成，从建筑的设计、施工、运行、维护，直至建筑全生命周期的终结。建筑的各种信息始终整合于一个三维模型数据库中，设计团队、施工团队、设施运营部门和业主等各方面人员可以基于 BIM 进行协同合作，有效提高工作效率、节省资源、降低成本以实现可持续设计。常用的 BIM 建模软件有 Autodesk 公司的 Revit、Bentley 以及 Tekla Structures、ArchiCAD 等（图 2-19）。

3. 引导学生自学相关软件

（1）必须掌握的

① Google Earth/Map：达到能检索地段及相关信息要求。

② PowerPoint：达到制作一般程度幻灯片的要求，了解模板、字体、字号等。

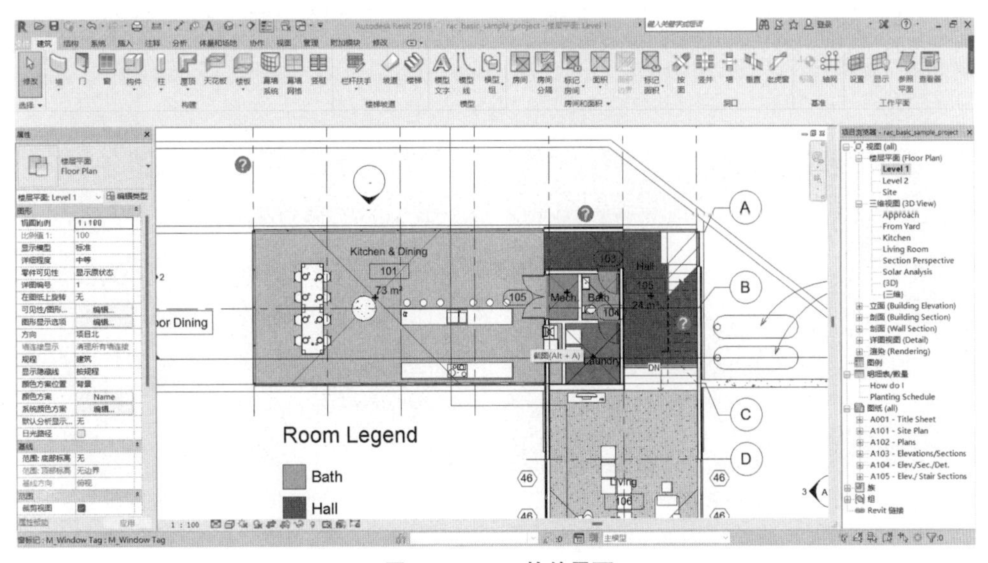

图 2-19　BIM 软件界面

（2）选择性掌握的

①视频编辑类：绘声绘影、AE、Premier。

②音频编辑类：Goldwave。

2.4.3 模型表现

建筑模型介于平面图纸与实际立体空间之间，它把两者有机地联系在一起，是一种三维的立体模式，可形象地表现建筑物或建筑群的面貌和空间关系、设计意图和效果造型。建筑模型是使用易于加工的材料，依照建筑设计图样或设计构想按缩小的比例制成的样品。因模型常比实际建筑小，所以看到的模型角度往往是俯视，与实际生活中观看建筑的仰视角度相反，借助模型创作时需要注意这一问题。对于技术先进、功能复杂、艺术造型富于变化的现代建筑，尤其需要用模型进行设计创作（图 2-20、图 2-21）。

按用途分类可分为设计模型、展示模型、特殊模型。设计模型是建筑设计的一种辅助手段，是设计的一种“工作模型”，相当于立体草图。展示模型常用于宣传、展览、房地产销售。特殊模型指特殊用途、特殊功能和特殊材料做成的模型。按材料可分为：泡沫塑料条块与吹塑模型，采用聚苯乙烯板与吹塑纸或板制作，价廉、易做，多用于设计模型；纸质模型，利用各种不同厚薄、色彩、质感的纸切割、拼贴制作；木质模型，用原木、胶合板制作，需要模型机切割，较费工费时；还有有机玻璃模型、金属薄板模型、胶片模型、复合材料模型等。

图 2-20　建筑模型作业

（图片来源：东北大学江河建筑学院建筑类 2014 级毕樱译）

图 2-21　建筑模型的制作过程

（图片来源：东北大学江河建筑学院建筑系教师霍克）

1. 材料与工具

①制作建筑模型的材料：纸板、投影胶片、模型胶。

②制作建筑模型的工具：刻刀、圆刀、垫板。

2. 制作的过程

①图样绘制：图样绘制的连续性和展开性。

②材料切割：轻割多刀和精确性。

③建筑模型的黏结与组装。

2.5　线律之美单元任务

2.5.1　单元设定

单元设定：雨水润耕——意识的启蒙

1. 图示基础训练

传统的图示基础训练是各专业设计启蒙的首选，例如，线律基础、尺度练习、构成训练、色彩表现等，基础训练强调对点线面、造型、空间、尺度、色彩的把握和处理能力。

本单元基本练习目标主要针对建筑工程制图与建筑识图的初步认识，以基本绘图、识图的基本功练习作为切入点。

2. 空间认知训练

本单元注重在实际的空间体验中带领学生了解建筑的本质及设计的方式，探寻人与空间、建筑与环境的基本关系。

本单元强调建筑的空间体验转化为图示表达，主要通过对建筑某一典型空间进行测绘、制图来实现。

2.5.2　理解重点

1. 深刻理解设计基础学习的重要意义

让学生深刻理解基本功训练的重要意义，使学生充满动力与憧憬地去面对枯燥严格的练习作业。作为设计创造性思维的基础技能培养，设计基础训练如冰雪融而为水，化而为雨，滋润万物。本单元模块将基础训练融入设计启蒙训练过程，并借以雨水节气的文化内涵传达基本教学理念，以“匠学之脉”融会贯通建筑思维培养，让枯燥琐碎的基本功训练成为从根本养成建筑气质的设计启蒙的积累。

2. 认识基本的绘图工具熟悉使用技法

通过本单元学习，让学生认识基本绘图工具的名称用途，熟悉掌握使用技法，并循序渐进地开始基本制图练习任务。在新的教学设计中，基础制图练习的任务量被大大压缩了，基本功训练的课时大量缩减。基础能力培养的工作更多地融入了设计启蒙和美术伴生课程中，因此，教师的要求与指导变得更加重要，这个过程既有设计的启发也有基本功的训练。

3. 初步熟悉建筑制图与基本测绘方法

引导学生完成建筑体验，并进行建筑构件测绘与建筑制图训练。美国建筑师肯特·C. 布鲁姆和查尔斯·W. 摩尔在《身体，记忆与建筑》一书中写道：“体验建筑空间之后才会更为关注如何建造它们，使用建筑的主体经过体验从旁观者变为参与者，体验的主客体之间有了更多互动。”这样通过观察者的直接感官体验，将视觉观察与情感冲击编织在一起，就形成了建筑体验。

在建筑体验中，学生不仅要体验空间的形式、光影、质感、材料、肌理，还要了解建筑的功能、结构、建造等方面。同时要诱发体验者共鸣，使其对空间的体验由感知物质现象上升到意识与情感层面。这样，不同的建筑体验也会转化为经验或理念，激发学生的创作热情和对空间的不同感悟。

建筑体验之后要结合建筑测绘和制图训练完成从三维空间到二维图纸的图示转换。

2.5.3　单元目标

1. 知识目标

（1）进一步明确建筑与空间的概念内涵；

（2）实际理解建筑设计的内容、意义。

2. 能力目标

（1）能够正确认识、掌握绘图工具；

（2）初步掌握工具、徒手绘图技法；

（3）初步形成建筑制图、识图能力。

3. 素养目标

（1）培养学生的学业信心，鼓励学生自觉自省，发挥自己积极的态度；

（2）培养学生的品德素质，树立正确的价值观念，建立爱国荣校观念。

2.5.4　单元模块的设计

1. 作业内容

（1）工具线条练习。包括铅笔工具线条和钢笔工具线条，主要内容为基本线型和线型组合练习、工具使用练习。

（2）建筑制图练习。临摹教师指定的建筑方案设计图；掌握基本的制图内容，熟悉建筑制图程序。

（3）建筑测绘制图。测绘教学楼某处空间节点（一般为楼梯间），结合教师给定的参考图样完成手绘图纸练习。

2. 作业要求

（1）工具线条作业。学会使用工具及基础线条练习：学会尺规工具的正确配合，线条绘制要粗细均匀、光滑整洁、交接清楚，画线顺序要先粗后细、先上后下、先左后右；先画圆曲、再接直线。

工具线条作业包括铅笔线条练习和钢笔线条练习。

（2）建筑制图作业。过程考察：建筑制图的正确绘制程序，建筑样式的正确表达。建筑制图作业练习主要临摹绘制建筑的平立剖面图。

（3）建筑测绘作业。形成基本尺寸尺度的理解，从空间到图纸的转换再到建筑样式的正确表达。

第三章　图示语言：思维的转化

设计启蒙肩负着从0到1、破茧成蝶的思维转化，对于设计创作而言，学生需要了解设计的想法是如何生成的，又是如何被推动的，以及可以达到一个怎样的程度。本章我们将通过建筑作品的抄绘分析探寻人与空间、建筑与环境的基本关系，并结合基础理论的学习，强化对建筑目的、意义的认识，进一步理解设计的本质。

3.1　设计的基本认识

“设计”一词源于英文“Design”，“Design”本身的含义在不同时期都不尽相同，其内涵与外延也随着社会物质条件的进步和精神审美观念的变迁而不断发展。“Design”最初是由拉丁语“Designare”和意大利语“Desegno”派生而来的，其大致含义为“艺术家心中的创作意念”，是指通过草图以一定手段或形式，借助熟练的技艺，将想象中的事物具体化，使之成形。

古代中国使用“法式”一词表示设计，强调方法和形式。宋代的《营造法式》是宋代政府制订的营建的法令或法规。古代日本使用“意匠”一词，强调构思和下功夫，日本将“Design”也翻译成“意匠”。总之，“设计”是人造物，是人类对事物的构想、研究的结果或成果，是设计创意或构想的“物化”，也指人类对事物的规划、构想、研究的活动和过程。

3.1.1　设计是“发生学”的创造

设计创作思维与科学化的研究思维不同，科学化的理性思考方式追求客观世界的公式定律、数理逻辑、规律机制等，有着严密的科学逻辑性；而发现式的设计创作思维是发生学的、头脑风暴式的[①]，有着很多感性的、偶发的因素。如果说科学化思维是一个白箱作业过程，数据输入、结果输出清晰可见，那么设计创作思维则属于黑箱作业。设计是一个思维主动生成的过程，创作的过程有着诸多的非理性成分。

首先，我们要理解空间的设计生成源于人的造物本能。

设计创造[②]源于人类最基本的建造活动。人类行为是由本能所引起的一种结果，人的本能，是指人类与生俱来的、天赋的、不需教导和训练的，在人类进化路上所留下的一些行为和能力。设计最初是因人类生存的需要，原始人构木为巢、凿穴而居，利用自然遮蔽物挡风避雨，并逐渐开始建造简易的人工构筑物。随着时间的推移，各地区的建造活动逐渐统一化、形制化，但由于自然环境的差异和生产生活的不同需要，衍生出了不同地区类型丰富的居住形式。

其次，设计图示是建筑师内心世界的“形象化”表达。

设计思想是驱动设计师进行创作活动的本源，正如人有了意念才会有行动的实施。设计思想也可说是设计理念、设计概念、设计理论，它需要一个表达情境，不同的建筑创作其实就是某一设计思想在不同情境的表达结果。这并非是指建筑设计思想要达到一定的哲学高度，我们也可以将其理解为设计构思，即确定什么样的目标和如何实现目标的过程。因为设计建造是人的本能行为，所以，我们可以借助这一本能行为让学生对建筑的概念、空间、功能、设计逻辑建立自己朴素的理解——目标与构思。

最后，专业化的设计创作需要经过专门化的过程训练。

设计创作既需要使用艺术的“直觉思考”，又需要理性地传达人类的情感世界，因此设计创作思维与设计创作方法需要经过专门的训练。在设计创作的过程中，建筑师需要建立创造性的思维方法——必须建立在特定情境下思考建筑会呈现的形式——因为现实的问题会让建筑师受到诸多限制，我们经常会面对诸多不易测量的因素并需要建立它们之间的生成逻辑。在建筑学的学习中，图示思

① 头脑风暴法是由美国创造学家 A. F. 奥斯本于 1939 年首次提出、1953 年正式发表的一种激发思维的方法。
② 创作强调过程，强调设计；创造强调结果，不限于设计，强调本能。人类的造物本能，不宜说成创作，因为有些是无意识的结果。

维作为建筑师最有效的具象化、图形化思考方式，会建立起设计构思到设计创作的桥梁。我国建筑类普通本科的学制一般为五年，在这一漫长的学习过程中，感知、思考和表达自始至终都贯穿在建筑方案的创作过程之中，这也是我们在设计基础阶段的单元模块化训练反复培养训练的思维逻辑。

3.1.2 设计是“非话语”的表意

人类最直接的表达方式是语言，但在建筑设计中，总有一些不能够直接用语言表达和传递的形态性信息，这就需要“非话语”的表达方式。“非话语”的表达主要指将头脑中的构想图形化、可视化的过程。建筑师通常需要借助图示图解、模型辅助语言表述来描绘、传达信息。当然，建筑形态本身就是一种语言，具有形象符号化的基本特征。建筑就像一个固化的文本，正如“一千个读者就有一千个哈姆雷特”，读者能够对建筑作品进行阅读并产生不同的理解。在建筑领域更有建筑评论、建筑批评学[①]等理论研究以激发建筑思想与建筑理论。

作为一个建筑师应该知道如何去观察和理解一座建筑，“非话语”表达的特征让我们能够以最直接的方式理解建筑。我们可以尝试阅读理解建筑师珍妮·甘创作的芝加哥地标建筑——82层“水之塔”（Aqua Tower）。这一建筑的表达方式是象形的或象征的表达，是初学者可以理解的“非话语”。建筑立面是玻璃幕墙和每层形状和面积略有不同的波浪形阳台组合，层层叠叠的阳台产生出水面涟漪的效果。立面的起伏又似“环形山谷”。由于芝加哥的地域气候，水之塔的波纹分散并削弱了飓风带来的影响，整座建筑不再需要用以抗风的“调质阻尼器”，取而代之的是楼顶向居民开放的空中花园。这一建筑作品既有动感之美又富于形象意义的表达，令人赏心悦目，其传达的信息具有很好的易读性（图3-1）。

图3-1 建筑的象征表达——水之塔

① 建筑批评学是研究建筑批评的学问，也就是元批评，是建筑理论的重要组成部分，也是非常有效的建筑实践活动。

3.1.3 设计是“多维度”的协同

设计要考虑不同要素的组织、不同阶段的呈现、不同专业的配合。设计作为“发生学”的创造、“非语言”的表达，需要组织各种可能的、有影响的、相联系的要素，形成“多维度”的设计协同。例如，设计方案在不同的阶段有着不同的表达要求，设计阶段可分为设计前的准备阶段、设计方案阶段、方案扩初阶段和施工图设计阶段。这期间，需要整合不同要素资源，协调专业协作，综合考虑方案的创意性、施工的可行性及经济的可接受度等。

（1）设计方案阶段

提出设计方案，即根据任务书的要求和收集到的基础资料，结合基地环境，综合考虑技术经济条件和建筑艺术要求，对建筑场地、形体、功能等进行合理的安排，提出多个方案供建设单位选择。设计方案阶段表达包括构思草图、逻辑分析、形体分析、建筑制图，以及效果表现图等设计图解图示或模型表达。

（2）方案扩初阶段

即方案的深化阶段，是方案成为施工图的过渡阶段，进一步对图面进行深化，如第三道尺寸线标注、门窗标注、标高等。扩大初步设计是在项目可行性研究报告被批准后，由建设单位征集规划设计方案并以规划设计方案和建设单位提出的扩初设计委托设计任务书为依据而进行的。初步设计一般包括设计说明书、设计图纸、主要设备材料表和工程概算等四个部分。

（3）施工图设计阶段

施工图设计是工程设计的一个阶段，这一阶段工作主要是关于施工图的设计及制作，以及通过设计好的图纸，把设计者的意图和全部设计结果表达出来。作为施工制作的依据，它是设计和施工工作开展的桥梁，即在初步设计或技术设计的基础上，综合建筑、结构、设备等专业，相互交底、核实核对，深入了解材料供应、施工技术、设备配套等条件，把满足工程施工的各项具体要求反映在图纸中，做到整套图纸齐全统一，明确无误。

施工图设计的图纸文件主要有：

①建筑总平面；②各层建筑平面、各个立面及必要的剖面；③建筑构造节点详图；④各专业配套施工图纸；⑤结构及设备设计的计算书；⑥工程预算书。

因此，建筑设计的学习同时也需要掌握建筑结构、建筑构造、建筑物理、水暖、电气、设备、建筑施工、房地产开发、建筑经济与业务管理等相关专业领域的知识。

3.2 建筑的图示语言

卡拉特拉瓦说过："千万不要妄想用电脑代替人脑，因为只有用自己的脑子去创作，用自己的双手去涂画，这才能唤醒建筑师体内最原始、最自然的情感，这是任何一台电脑都无法取代的。"建筑图示和建筑模型作为视觉传达的工具，在建筑设计的设计构思与成果表达中起到了重要的信息交流媒介作用。在设计创作时，我们需要依赖图示思维的表达方式。图示思维即思维的可视化（Thinking visualization），也可叫形象思维。1980 年，美国人保罗·拉索（Paul Laseau）写了一本图示思维理论的专著《形象思维》（*Graphic Thinking*），这是关于建筑师运用徒手画草图图解技能辅助建筑设计思考的基础理论。拉索指出，图示思维方法帮助建筑师在设计开始阶段进行思维表现，强调采用草图和有逻辑性的分析图等图示语言快速捕捉设计灵感，分析要素，发展、深入设计。可以说，图示图解的表达方式作为一种通用"语言"形成了建筑特有的图示系统。

图 3-2　建筑钢笔画临摹练习

（图片来源：东北大学江河建筑学院建筑类 2022 级覃柏榆）

在长期的执业环境中，建筑师形成了自身特有的图示思维方式，这一特殊技能也是所谓设计气质的重要体现（图 3-2）。建筑师借助图示语言来表达建筑创作意图，形成的图示思维方式能够有效地开拓设计者的创造能力。同时，建筑已有的图示系统储存了建筑师大量的思维资源，这些思维资源在大脑中有其特有的表现形式，在大脑外也需要某种形式来保存、传递。因此，建筑设计的过程就是在发现问题、分析问题和解决问题的同时，将建筑师头脑里的图示思维资源通过徒手勾勒的方式，使图形跃然纸上，所勾勒的形象通过眼睛的观察又被反馈，在头脑中形成了评价、交流、修改的过程，其思维结果再通过绘图、模型表达出来。

3.2.1 构思草图——表意图示

构思草图是采用图示配合文字的方式，直观、快速地对设计问题进行意图表达。除了形态图示，构思草图还包括分析图和相关文字说明以及工作草模等。分析图是对建筑的功能、交通、行为、空间、形体等进行的分析图解。构思草图除了在图纸上徒手绘制，还可以借助移动设备的应用程序（App）或数控板等绘制，此类电子设备可直观模拟表现素描、图画和插图等功能，能够方便师生的即时交流与移动存储。但是，在初学者草图能力尚未成熟之前，不建议使用电子设备练习绘制。

建筑师弗兰克·盖里（Frank Gehry）是当代最著名的解构主义建筑师之一，有“建筑界毕加索”之称。他将曲线作为创作形态的主要组成元素，在他设计的华特迪士尼音乐厅中，除了几条屈指可数的直线外，所有的体块都是弯曲的，建筑的墙体与屋顶是一体的。盖里运用创作中的抽象元素，呈现了独特鲜明的作品个性。对于这一个性鲜明的建筑创作，建筑师的图示思维草图在直观表达自身设计意图中，体现了不可替代的作用（图3-3）。

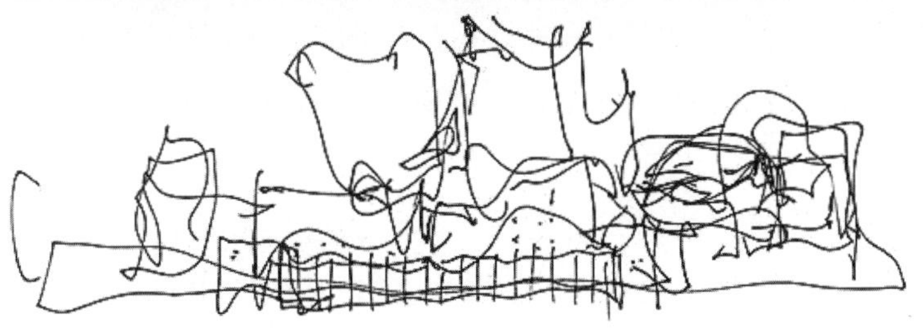

图3-3　弗兰克·盖里设计的华特迪士尼音乐厅及其绘制的草图

草图的“草”字说明这是一种初始化表达设计者设计形式的概念，充满了神秘性、推敲性和不确定性。建筑草图是图解的深入，但是和成图相比，又是一个思考的过程和分析的思路。在设计的初期，设计师都有跳跃的思维和各种不确定性，而草图可以直接明了地表达出设计师的设计思路，草图也是设计初始阶段的设计雏形，以线为主，多是思考性质的，一般较潦草，多为记录设计的灵感与原始意念不追求效果和准确（图 3-4）。

图 3-4　建筑钢笔画临摹练习

（图片来源：东北大学江河建筑学院建筑类 2022 级张馨月）

3.2.2　逻辑分析——气泡图示

除了表意草图，建筑需要很多图解分析方式来揭示建筑的内在逻辑与形式关系。例如，格罗皮乌斯在哈佛设计学院时，气泡图被纳入他所主导的设计方法论中，并将其转换为一种表达功能主义的象征图示。随后，气泡图被广泛应用，逐渐成为各国建筑师普遍使用的功能分析工具。可以说，气泡图是帮助我们认识建筑空间组织的有效工具，通过绘制描述功能关联的气泡逻辑，我们对建筑的了解就会越来越深刻，也为解决特定建筑的实际设计问题作准备。

气泡图逐渐演化可形成建筑各种要素关系的逻辑图解。气泡图示将建筑或空间中一系列元素，如功能、交通、环境等内容抽象为简单的图形元素（常为圆形或椭圆形等几何图形），并通过连接符号连接起来。把每个气泡当成一个功能，并根据流线关系将各个功能串联在一起，不同元素的紧密程度能够清晰地呈现出来，相同功能的聚集会形成功能分区。建筑内部及外部的场地关系、朝向关系、交通流线关系等也能清晰地表达出来（图 3-5）。

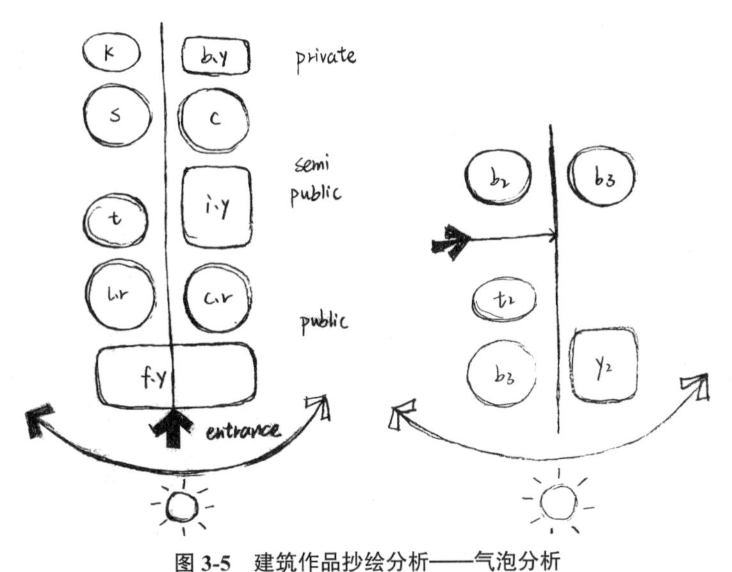

图 3-5　建筑作品抄绘分析——气泡分析

（图片来源：东北大学江河建筑学院建筑类 2022 级何菁菁）

在气泡图的图解分析中应该尊重基本的语法规律。这些语法规律包含四个要点：①目的——信息交流清晰易懂，图解规律一目了然；②位置——主体之间通过位置关系网络使图解易于理解；③相邻　　主体之间关系的主次用彼此距离的疏密表示；④类同——主体通过共同特征可以进行分组，组成组群。根据基本的语法规律，气泡图应该简化至最简结构，形成各基本体及其相互关系；同时，应该体现信息传递的层次结构，例如，通过线框的粗细、形状、深浅或填涂等来区分层次；如果线框图过于复杂，可先分解，然后再组合成全群体或在同类基本体外围加上界框加以区分（图 3-6、图 3-7）。

总之，用气泡图示进行建筑设计的构思分析可以形成阶段性的演化图解。首先，第一阶段：气泡功能关系图解。主要入口清晰醒目，各“圆圈”都无方位，

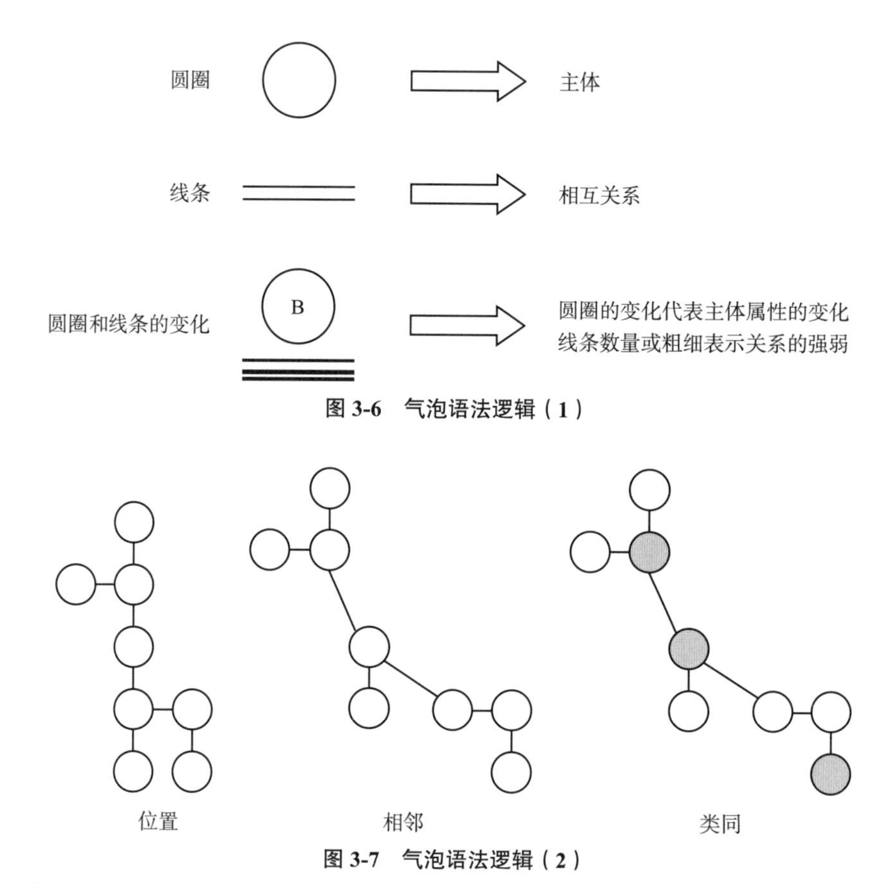

图 3-6　气泡语法逻辑（1）

图 3-7　气泡语法逻辑（2）

（图片来源：保罗・拉索. 图解思考：建筑表现技法 [M]. 第三版邱贤丰，刘宇光，郭建青，译. 北京：中国建筑工业出版社，2002：57.）

因为关系图不包括这类信息。只要功能间的关系不变，圆圈可以移向不同位置并不会改变图面的基本信息。第二阶段：分析位置与朝向组合图解；确定各功能的朝向和位置，如阳光日照、朝向关系、入口、公共性与私密性的位置关系。第三阶段：反映出适应功能要求的空间尺度和形式的方案图解，形成具体方案的空间设计网络。第四阶段：着手对结构、构造和维护设施做出具体设计图解，从此进入方案设计阶段。

3.2.3　形体分析——解构图示

建筑的形体分析有着多种图解方法。其中，解构是对建筑形体进行拆解分析，进而认识建筑形体组合规律及特征的图解方法。我们以解构图示定义这种方法，便于理解。解构图示可分为 3 种：①形体组合的拆解分析，可称为装配分解图示、爆炸图示（图 3-8）；②形体演化过程的拆解分析，可称为过程演化图示（图 3-9）；③设计思维过程的拆解分析，或设计概念的抽象化表达，可称为概念图示。概念图示可分为概念草图和概念模型两种。

建筑形体图示是最容易被学生理解的一种分析图示。爆炸图的优势在于能把复杂的建筑体块清晰、直观地表达出来，让读者看清建筑形体的内部组成和组织关系。同时，爆炸图除了用来解释结构和分析形体外，还可以添加流线、文字索引等分析要素，作为功能分析图来使用。

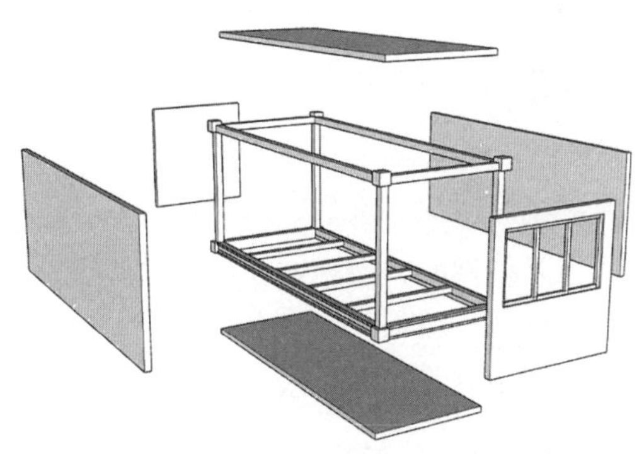

图 3-8　集装箱盒子爆炸图

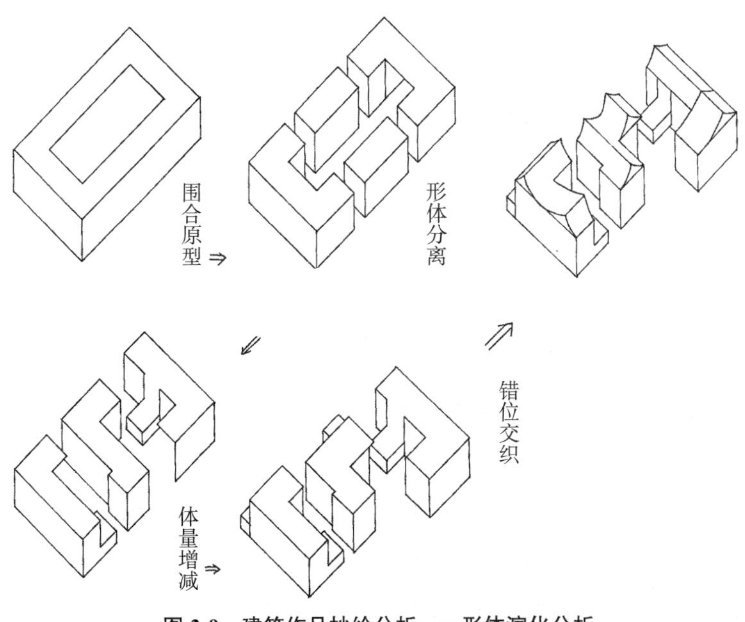

图 3-9　建筑作品抄绘分析——形体演化分析

（图片来源：东北大学江河建筑学院建筑类2022级张梓璇）

过程演化图示，就是在分析建筑生成过程的基础上，将不同阶段的思维图示简化成清晰的几何形式进行表述，阶段性呈现方案凝练和优化推演的过程。如果说气泡图示是功能逻辑的演进图示，那么过程演化图示就是形态逻辑的演进图示。同时，过程演化图示也是对于形态过程的步骤分解，并进一步促进具体形态演化的生成逻辑。对此类分析图示应该进行适当的抽象加工，可将图示关系处理得更加概念化与抽象化，这样能够充分地利用概念图示的启发作用形成概念传达。

概念图示是一种抽象化、概括化的图示思维，能够提炼设计初始阶段或者建筑方案的设计想法，从中打磨出进一步的建筑形态。可以说，概念图示既是思维的解构也是思维的整合。首先，概念具有激发性，通过设计概念能够激发大脑新的灵感，促进设计的进一步开展；其次，概念具有共享性，通过保留思维的过程痕迹，以便于项目的描述交流使用；最后，概念具有即时性，有时灵感是突然闪现的，开始的思维往往也是模糊的，但是往往最初的偶然思维能够被概念化地记录，从而抓住一闪而过的灵感。

建筑创作的核心还是过程与表达的问题。在设计教学中，我们通常将形体组合的爆炸图示、形体演化的过程图示和设计思维的概念图示作为启发学生设计构想的基本手段。通过设计过程的概念表达、形体关系和逻辑推演，从而激发图示图形的完形心理，培养想象能力。

3.2.4 建筑制图——工程图示

工程图纸是根据投影原理或有关规定绘制在纸介质上的，通过线条、符号、文字说明及其他图形元素表示工程形状、大小、结构等特征的图形。建筑的平立剖图示系统具体是指平面图、立面图、剖面图、断面图、详图、轴测图、透视图等图形样式及其衍生图的集合。对于建筑设计而言，平立剖图示系统是最规范的工程图示，被广泛应用于方案设计和施工图设计的图纸表达中。

1. 平面图

平面图是沿建筑各层的门、窗洞口（通常离本层楼、地面约 1.2m，在上行的第一个梯段内）的水平剖切面，将建筑剖开成若干段，并将其用直接正投影法投射到 H 面（水平面）的剖面图，即相应层平面图。各层平面图只是相应“段”的水平投影（图 3-10）。

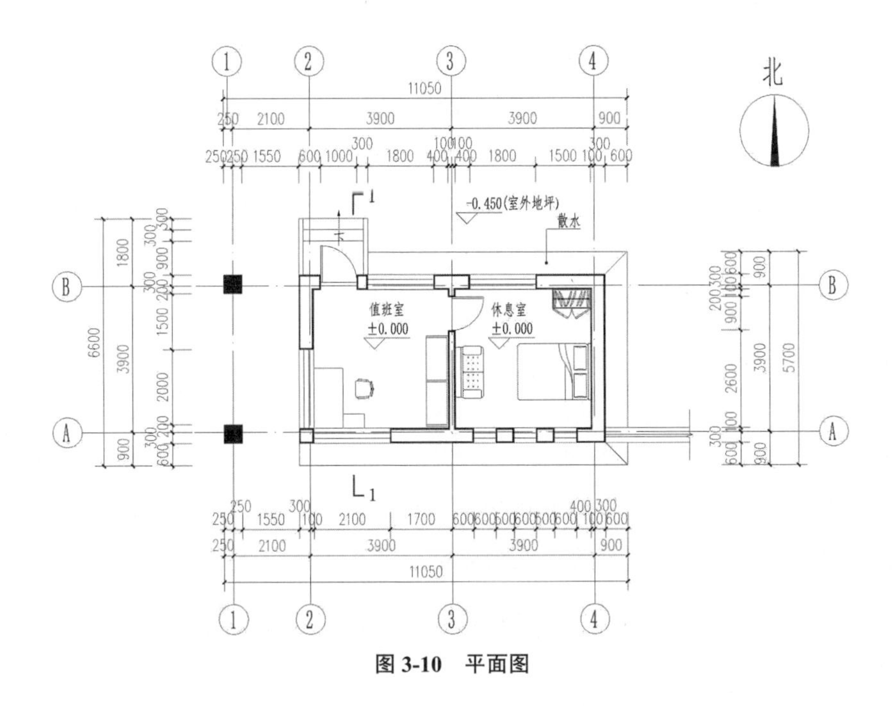

图 3-10　平面图

平面图的要素包括定位轴线、平面图线、尺寸标注、标高标注以及其他标注等。

定位轴线：是用来确定主要承重构件（墙、柱、梁）位置及尺寸的基准。定位轴线为细点画线。编号注写在轴线端部的圆内。轴线编号圆 ϕ8~10mm，细实线 0.25*b*，横向或横墙编号为阿拉伯数字，从左到右；竖向或纵墙编号用拉丁字母，自上而下。定位轴线圆的圆心应在定位轴线的延长线或延长线的折线上。当字母数量不够用时，可增用双字母或单字母加数字注脚。

平面图线[①]：粗实线 *b*，被剖切到的主要建筑构造（包括构配件）如承重墙、柱的断面轮廓线及剖切符号；中实线 0.5*b*，未被剖切到的次要建筑构造（包括构配件）的轮廓线（如墙身、台阶、散水、门扇开启线）、建筑构配件的轮廓线及尺寸起止斜短线；中虚线 0.5*b*，建筑构配件不可见轮廓线；细实线 0.25*b*，其余可见轮廓线及图例、尺寸标注等线。较简单的图样可用粗实线 *b* 和细实线 0.25*b* 两种线宽。

尺寸标注：建筑平面的尺寸标注，包括尺寸界线、尺寸线、尺寸起止符号

① 图线的宽度 *b*，宜从 1.4mm、1.0mm、0.7mm、0.5mm、0.35mm、0.25mm、0.18mm、0.13mm 线宽系列中选取。图线宽度不应小于 0.1mm。

和尺寸数字。尺寸界线应用细实线绘制，一般应与被注长度垂直，其一端应离开图样轮廓线不应小于2mm，另一端宜超出尺寸线2~3mm。尺寸线应用细实线绘制，应与被注长度平行。图样本身的任何图线均不得用作尺寸线。尺寸起止符号一般用中粗斜短线绘制，其倾斜方向应与尺寸界线成顺时针45°角，长度宜为2~3mm。半径、直径、角度与弧长的尺寸起止符号，宜用箭头表示。尺寸线应用细实线绘制，应与被注长度平行。建筑平面图尺寸标注分为外部尺寸和内部尺寸。外部尺寸主要标注长、宽尺寸线，由三道尺寸组成，总尺寸、定位尺寸、细部尺寸，还有局部尺寸。总尺寸，是最外一道尺寸，即两端外墙外侧之间的距离，也叫外包尺寸；定位尺寸，是中间一道尺寸，即两相邻轴线间的距离，也叫轴线尺寸；细部尺寸，是外墙上门窗洞口、墙段等位置大小尺寸。局部尺寸是建筑外的台阶、花台、散水等位置大小尺寸。内部尺寸包括室内净空、内墙上的门窗洞口、墙垛位置大小、内墙厚度、柱位置大小、室内固定设备位置大小等尺寸。

标高标注：标高符号应以直角等腰三角形表示，用细实线表示。平面图标高标注相应楼层楼地面的相对标高，底层应标注室外地坪等标高。

此外，剖切符号、指北针、房间名称及其他符号：剖切符号、指北针只在底层标注。平面图应注房间名称或编号，编号圆为$\phi 6$，细实线$0.25b$。若采用后者，应在同张图纸列出房间名称。

2. 立面图

立面图是用直接正投影法将建筑各侧面投射到基本投影面而成，是用来表示建筑物的外貌以及外墙装饰要求的图样。对有定位轴线的建筑物，宜根据两端定位轴线编注立面图名称，例如①～④立面图。无定位轴线的立面图，可按平面图各面的方向确定名称，例如南立面图。也有按建筑物立面的主次，把建筑物主要入口面或反映建筑物外貌主要特征的立面称为正立面图，从而确定背立面图和左、右侧立面图（图3-11）。

立面图的要素包括定位轴线、立面图线、尺寸标注、标高标注，以及其他标注等。

定位轴线：在立面图中，一般只绘制两端的轴线及编号，以便和平面图对照确定立面图的观看方向。

立面图线：粗实线b，立面图的外轮廓线；中实线$0.5b$，突出墙面的雨篷、阳台、门窗洞口、窗台、窗楣、台阶、柱、花池等投影；细实线$0.25b$，其余如门

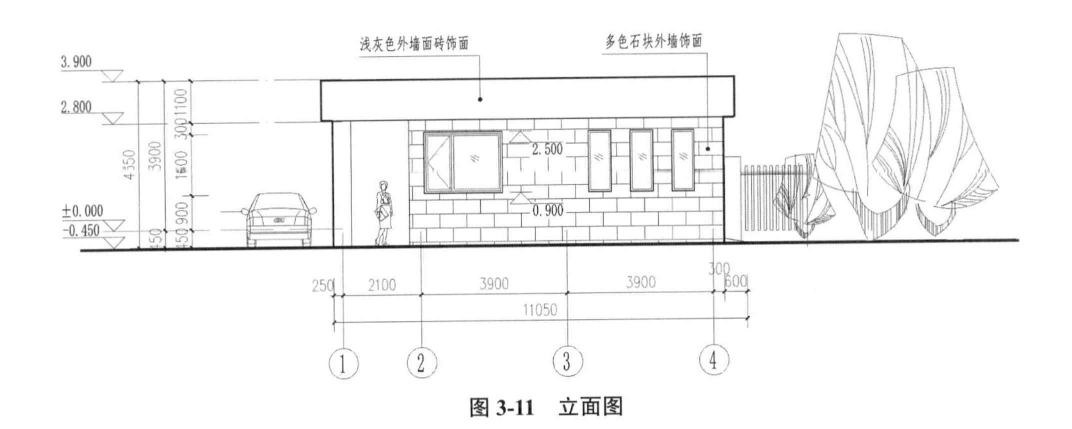

图 3-11　立面图

窗、墙面等分格线、落水管、材料符号引出线即说明引出线等；特粗实线 1.4*b*，地坪线，在绘制立面图或剖面图时用来表示地面线，绘制时两端适当超出建筑外轮廓，此为非强制性，但习惯上如此使用。

尺寸标注：应在竖直方向标注三道尺寸线，三道尺寸即高度方向总尺寸、定位尺寸（层高）、细部尺寸（楼地面、阳台、檐口、女儿墙、台阶、平台等部位）三道尺寸线。立面水平方向一般不标注尺寸。

标高标注：立面图要注明室外地面、入口处地面、勒脚、门窗洞口上下口、台阶顶面、雨篷、阳台、房檐下口，屋面、墙顶、女儿墙等处的标高。

其他标注：立面图上可以在适当的位置用文字标出其材质、装饰等。

3. 剖面图

假想用剖切平面剖开物体，将处在观察者和剖切平面之间的部分移去，而将其余部分向投影面投射所得的图形称为剖面图。剖面图用于表达建筑内部的结构形式、沿高度方向的分层情况、构造做法、门窗洞口、层高等。一般选择能反映建筑物全貌、构造特征及具有代表性的部位，如通过楼梯间梯段、门、窗、洞口剖切建筑物的剖面图（图 3-12）。

剖面图的要素包括定位轴线、剖面图线、尺寸标注、标高标注。

定位轴线：被剖切到的墙、柱及剖面图两端的定位轴线。定位轴线应用细单点长画线绘制。

剖面图线：粗实线 *b*，被剖到的墙体、柱子，看到的建筑主要轮廓线；中实线 0.5*b*，看到的建筑次要轮廓线、看到的门窗轮廓线。

尺寸标注：图形外部标注高度方向的三道尺寸线，即总高尺寸、定位尺寸（层高）、细部尺寸。

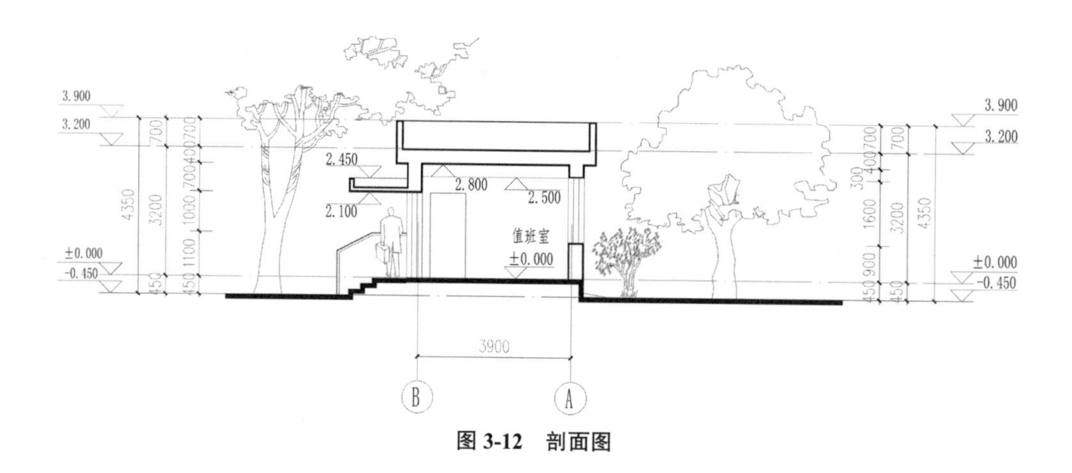

图 3-12　剖面图

标高标注：室外地坪、楼地面、阳台、檐口、女儿墙、台阶、平台等处的标高。

4. 总平面图

将建筑工程四周一定范围内的新建、拟建、原有和需拆除的建筑物、构筑物及其周围的地形、地物，用直接正投影法和相应的图例画出的图样，即建筑总平面布置图，简称总平面图（图 3-13）。

总平面图的图线：粗实线 b，新建建筑物 ±0 高度的可见轮廓线；中实线 $0.5b$，新建构筑物、道路、桥涵、围墙、边坡、挡土墙等的可见轮廓线、新建建

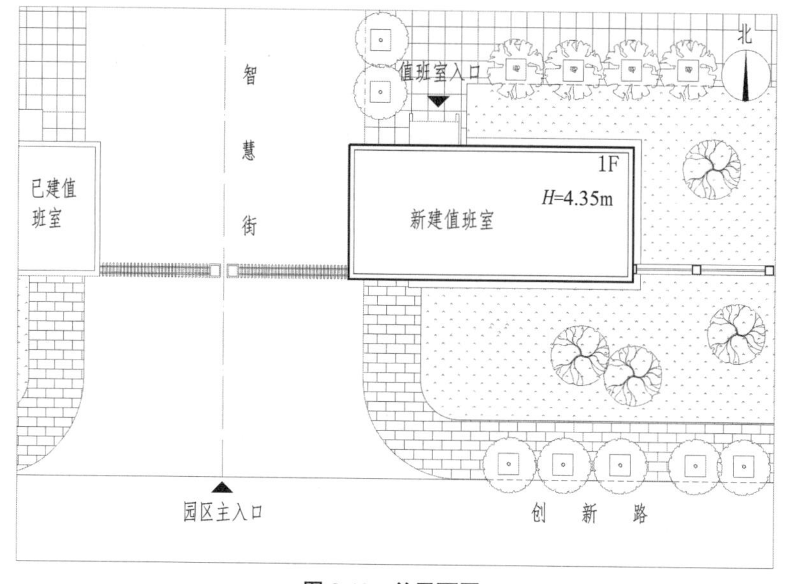

图 3-13　总平面图

筑物 ±0 高度以外的可见轮廓线；中虚线 0.5*b*，计划预留建（构）筑物等轮廓线；细实线 0.25*b*，原有建筑物、构筑物、建筑坐标网格等以细实线表示。

5. 轴测图

用平行投影法将物体连同确定该物体的直角坐标系一起沿不平行于任一坐标平面的方向投射到一个投影面上，所得到的图形，称作轴测图。

轴测图的可见轮廓线宜用中实线绘制，断面轮廓线宜用粗实线绘制。不可见轮廓线一般不绘出，必要时，可用细虚线绘出所需部分。

6. 透视图

房屋建筑设计中的效果图，宜采用透视图。根据透视原理绘制出具有近大远小特征的图像，以表达建筑设计意图。透视图是将一个三维建筑向假想画面进行投射，所有投射线都汇于一点所得到的建筑图。透视图可分为一点透视、两点透视、三点透视。

一点透视是绘画表现中经常使用的一种透视方法，透视关系较为简单，空间中物体造型的透视线都消失于同一个灭点，简单概括为：横线平行，竖线竖直，斜线交于一点。

两点透视：如果建筑物仅有铅垂轮廓线与画面平行，而另外两组水平的主向轮廓线，均与画面斜交，于是在画面上形成了两个灭点 F_x 及 F_y，这两个灭点都在视平线 h_l 上，这样形成的透视图称为两点透视。正因为在此情况下，建筑物的两个立角均与画面成倾斜角度，故又称“成角透视”（图 3-14）。

图 3-14　两点透视图

三点透视是在两点透视的基础上，所有垂直于地面上的竖线的延长线汇集在一起，形成第三个灭点，当第三个灭点在下面的时候形成俯视的角度，人站的位置越高透视效果越明显（图 3-15）。

透视图中的可见轮廓线，宜用中实线绘制。不可见轮廓线一般不绘出，必要时，可用细虚线绘出所需部分。

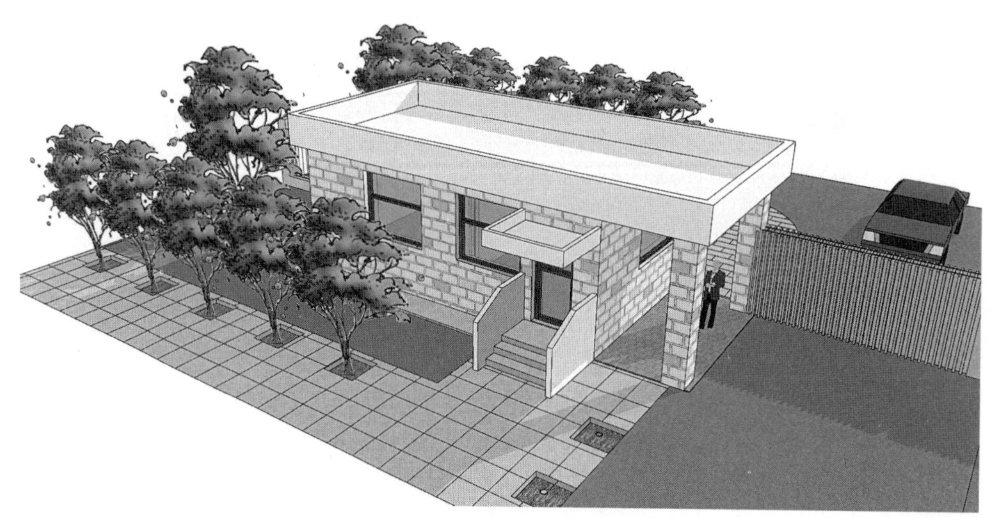

图 3-15　三点透视图（鸟瞰视角）

3.3　建筑抄绘与分析

通过建筑作品抄绘分析便于我们了解建筑大师的设计思想、建筑特点、设计手法，这些能够帮助我们开启建筑认知的大门。

抄绘分析的目的：初识建筑、初识图示语言的表达。

3.3.1　分析的步骤

建筑作品的抄绘与分析具体分为资料的收集、分析与讨论、理解与图示、总结与表现四个步骤。

1. 资料的收集

资料收集是建筑设计的重要基础性工作。每一个特定的项目都会有自身的设计条件，充分的资料收集能够对设计条件所需要的项目背景、自然情况、社会经济、历史文化、法律法规、标准规范、参考案例、使用人群需求等内容进行充分地归纳与分析研究，以利于下一步的具体设计工作。

资料收集方法包括直接收集和间接收集。直接收集是对相关书籍文献、研究报告、基础数据、现场情况进行收集、摄录、观察。例如，直接的访谈、现场拍照取录等。间接收集是指通过一定的调查统计分析方法，对特定对象潜在的诉求、意见、原因进行分析整理，透视表象之外分析内因。例如，问卷调查、实验分析等。

2. 分析与讨论

按照选取作品完成资料收集之后，就要做进一步的设计分析工作。分析的主要内容包括建筑师简介、建设设计思想的形成、形体设计的表达、内部功能的组织等。作品分析要在教师的辅导下进行，虽然学生并不具备专业的分析视角，但是取自生活经验的理解是完全可以进行基本的认识与学习的。

分析与讨论采用项目学习式方法（PBL），通过激发学生的直观发现、自主分析与分析解决的能力来开启建筑启蒙学习。在这个过程中，教师对学生的分析角度、专业术语、思路方法等方面进行修正引导。为保证这个过程的效果，学生需要进行必要的笔记整理，同样授课教师对于交流讨论的过程要重点掌控。

3. 理解与图示

这一阶段的训练重点是指导学生进行图示语言的理解转化，完成建筑分析的图示图解练习。首先，通过交流与讨论形成对建筑作品的理解，进而用简洁、直接的表达将理解的内容图示化。图示语言需要形成条目式的清晰的语言表达，图示训练内容则可按照气泡演化图示、过程演化图示和方案表达图示等完成练习。

4. 总结与表现

总结与表现是在分析讨论与图示图解练习之后，学生将对抄绘作品的分析、理解及启示用图示语言表达出来，绘制于图纸上。这也是对这一学习阶段的综合训练。首先进行的表达是对分析讨论及教师指导结果的传达，学生必须将交流讨论得出的内容和教师的指导内容在草图纸上绘制表达出来。随后进行的表达是对这一阶段成果的综合表达，学生要将分析过程中形成的条目要点和图解图示布置于标准图纸之上，即进行布图设计，同时结合注释文字说明，并尝试一些表现技法练习，最终完成单元训练的作业成果表现。

3.3.2　分析的要点

1. 建筑师简介

建筑由建筑师所创造，是建筑师的思维表达，不可避免地充满了个人的创作色彩。抄绘作业对建筑师基本情况与设计风格的介绍，会让我们走近建筑师的人生经历，更容易理解建筑作品的创作思考。我们会了解建筑大师的设计思想、作品特点、建筑创作的细节和设计手法的共性特征等，这些内容的学习能够帮助我们开启建筑认知的大门。

2. 建筑的概况

分析建筑项目的基本情况，包括设计任务、建筑类型、建筑规模、建造年代、建造地点、主要功能、建造形式、建筑材料、社会评价等，以及这些要素内容与建筑所处地方性环境的相关性。上述分析内容反映了建筑师在接受设计任务书后对设计任务的基本反馈，了解这些信息后我们会对建筑的概况和建筑设计的工作内容有个初步的认识。

3. 场所的特征

我们知道，设计是遵循关联存在的产物。建筑最先与环境关联，因环境而生，为特定人群使用，这是我们学习建筑需不断思考的基本问题。作品分析解读时要重点关注关联建筑生成的场所环境，并进一步了解是否存在对城市区位、用地结构等方面的要求和影响。

学生在对场所特征的分析解读中，需要了解到设计作品与工业产品的最大区别是：工业产品是满足通用功能的批量生产，而设计作品则是因环境而生的个性创作，具有个性化和唯一性。因此，对于建筑创作而言，每个建筑都应该是独一无二的作品而不是产品。

建筑与环境的对话关系是场所特征需要重点分析的内容。场所特征具体包括自然地形地貌、用地规划条件、用地周边环境、场地内部要素等；区位特征的分析具体包括建筑用地在城市或区域中的位置、区位价值，以及其他体现城市设计要求的特殊条件。

4. 形态与创新

建筑的形态主要指建筑的外观特征。建筑的外观特征可以文字、图片或图示的形式加以描述。用图示图解的方式分析建筑形态构成是我们学习的重点，与此同时，作业还要求通过制作模型来配合图示分析对建筑作品进行理解，以便对建筑空间形态进行直观的体验。分析部分可以通过过程演化图示对建筑形式生成的过程进行图解说明，或者通过爆炸图式的方式，将建筑的承重、围护、分隔、交通、功能等系统进行图解说明。

建筑作品抄绘部分的图示可以是工程图示，例如平、立、剖、轴测图的绘制。建筑立面的分析可画出基本的可视线条，通过阴影关系、比例关系、构成关系等形成图示分析。

5. 功能的组织

建筑的功能组织分析主要包括功能需求分析、功能关系分析、形式特征分析等三方面。

功能需求分析：功能组织的出发点正是人的需求，首先找到需求的内在组织关系和秩序（气泡图示）；其次，分析如何融合和组合不同的功能与平面布局结构；最后，考虑功能组织所带来的建筑外部形象和内部空间特征的关系。

功能关系分析：功能关系可以用功能气泡关系图示进行图解表达。功能气泡关系的组织图示可以从气泡功能的原理图示到具体布置的气泡图示，再到功能气泡与交通流线的联系组织，最后形成具体平面布局的工程图示表达。功能气泡图示可进一步进化为功能结构分析、交通流线分析等。

形式特征分析：功能分析要引导学生了解建筑师是如何考虑使用者的活动内容和生活习惯的，建筑设计处理的是如何满足使用功能在生理、物理上的要求。要了解功能组织的处理是如何满足个人精神审美的要求，就需要对于空间处理的美学量。

6. 交通的组织

交通的组织也可以归纳为交通流线。交通可分为外部环境交通和建筑内部交通，外部环境交通包括了车行交通和人行交通，建筑内部交通主要是人行交通，包括人流的引导、人群的疏散等。交通流线的组织会体现从建筑入口到内部空间，从共享公共空间过渡到私密空间，从枢纽开放空间进入到走道空间再进入封闭空间的过程。这个过程可以视为建筑的空间组织或空间秩序的建立。交通流线是虚拟的线，这些线在实际场所中是不存在的。交通流线也不会孤立地存在，它是和功能空间相辅相成的，交通流线是组织空间的关键前提。建筑内部空间的交通流线组织可分为水平流线和垂直流线。

此外，建筑的消防疏散也是抄绘分析的重点认知部分，应认识疏散通道、疏散方向、出入口设置等，这方面指导教师可以就事论事地讲解，也可简单介绍建筑防火的相关知识。

7. 结构与形式

收集关于建筑结构与形式的信息，认识建筑结构和形式的关系问题。建筑结构是指被建筑物（包括构筑物）用来承受各种荷载，以起到骨架作用的空间受力体系。任何建筑都是由结构体系所支撑的，因此，要了解建筑形式如何真实地反映建筑的结构体系，建筑结构如何决定建筑空间形式的表达方式。

抄绘分析作业要对建筑结构和建筑形式的关系进行直观的图示表达。图示内容要体现建筑结构要素及结构形式的基本特征。例如，分析技巧中对支撑结构进行实线绘制，对围护结构和形式要素进行虚线表达，可以清晰烘托出受力结构的空间体系关系。

8. 材料与建造

抄绘分析要解读建筑材料与形式表达的关系问题。将建筑材料作为表现性要素与形式设计相结合，成就了很多建筑师个性化的设计作品。例如，安藤忠雄的建筑识别性很强，他因为对清水混凝土的偏爱而创造出了纯净、丰富的空间，以及路易斯·康对砖的专注，密斯·凡·德·罗对玻璃情有独钟。可以说，材料启发并帮助他们注入情感用以表达建筑之美，从而创造出了经典的建筑作品。

建筑材料带来了建造方式的改变，现代的框架结构、钢筋混凝土替代了以往传统的砌体建筑形式。在分析技巧中，材料与建造的表达可采用装配分解的方式进行要素注释或技法说明，也可从材料属性、颜色质感、元素应用等三个方面分析材料在建筑形式中的表达作用。最常规的方法是对建筑立面材料质感的技法表现进行解读。

9. 意义与影响

抄绘分析最后要进行综述性建筑认知的总结。对于所抄绘作品的意义与影响进行概括说明，并应列出学习要点。意义与影响不仅包含作品的正面意义，还可包含作品的不足与使用的评价等。通过意义与影响的分析，能够让学生以客观的视角总体地认识建筑的优点与缺点，从而在学习中树立正确的建筑评论观。

3.3.3 分析的图示

1. 图解分析

图示是利用图形来表示或说明；图解是利用图形来说明、分析。图示强调客观的内容呈现，是描述规则的规范；图解则加强了主观解释、分析的意思。在具体的图解分析中，我们可以图解分析的方式进行如下归类细化。

（1）符号图形

符号类型的图形是对概念、想法、结构、关系等进行简化和组织后的视觉表达，它能使分析图变得更加形象、清晰。我们经常使用符号图形进行某些明确结构关系的分析图表达。

（2）文字索引

文字索引是对图形内容进行引注，在图面上直接进行文字分析或标注。文字索引可以和符号图形结合使用。文字图示可以单独表达，可与图形表达相结合，也可与文字、图形与数字相结合。

（3）形体图示

形体图示是最基本的图示表达，形体图示也可呈现事物分解或演绎的方式，以图文结合的手法表现。利用形体关系表达自身，或对形体行解构表达，或对生成过程进行演化图示，或对形体组合进行分离演示等。

（4）逻辑图示

对形态生成的某种规律性或构成关系进行图示逻辑表达。这种图示是经过某种抽象归纳的形式逻辑。例如，比例关系的图示图解、形式美规律的图示图解等。

（5）剖视详解

对某些内在特征或局部构造进行详细图解。详解剖视主要应用于构造细节，对于简单拆解分离或总体形式表达说明不清具体细节的情况下，对形体的内在构造进行图示说明。

（6）思维导图

思维导图一般呈树形结构，演示思维从发散到收敛的过程。思维导图有些像流程图，在形式化的图示语言中，思维或关系的演化往往可以通过思维导图进行描述。

（7）统计图示

统计图示是对分析对象进行数据化的数理统计分析，并形成可视化的图示表达效果。对于建筑学来讲，可以理解存在两种统计图示方法，一种是科学的数理统计，另一种是视知觉的可视化呈现。例如，在空间模型内可视化显示某类要素特征，这样的分析有利于设计时的思维组织，形成清晰的空间逻辑关系。显然，第二种方式是非常感性的。

对图示、图解的分类认识，是我们掌握图示图解方法的关键和基础。其中，图解的功能只有在准确的分析和理想的形式下才能表达最清晰的图示语言内容。

2. 建筑评论

建筑评论是对建筑的鉴赏和评判，也是人们对设计建筑的人及其作品的鉴赏和评判。建筑是一种文化现象，它既有物质的一面，又有非物质的一面，在满足人们物质需要的同时也蕴含着人们的精神需要，传达着人类对世界、对自身的看法。建筑评论就是除了建筑的功能、结构和审美，还要将其精神层面的价值揭示出来，对建筑的意义和内涵进行追问，对建筑的思想和情感进行开拓。

同济大学郑时龄院士开创了建筑批评学，并在“中国大学 MOOC”的慕课中开设建筑评论课程，课程内容包括建筑批评意识、建筑批评的价值论、符号论和方法论、建筑师、批评家以及批评的媒介等，涉及哲学、美学、建筑理论、中外建筑史、艺术史、建筑设计等多学科知识领域。借鉴建筑评论慕课，在教学设计中，我们可以将建筑批评学及建筑点评相关知识点融入典型案例的讲述中，并落脚于开放性问题的讨论，能够启发学生的批判性思考，激发其对理论学习的兴趣。

总之，对于建筑学高阶阶段的学习主要是整体性思维和经验的积累。建筑学没有一劳永逸的方法，也没有固定不变的规律法则，所有的问题都要依靠大量阅读和实际经历去获得经验。在大量的实例学习中，经验水平和实际能力将会逐渐提升。因此，对建筑作品的解读分析可以视为建筑评论的初级阶段，如果对于建筑评论过于陌生，同学们可以借助建筑师的人物传记或记录视频，结合指导教师的教学讲授等逐渐了解建筑师和建筑作品，并将获得的认知和启发作为作品解读的内容之一。

3. 布图表达

布图表达是对设计图纸内容的版面组织。布图通过对设计图示、图名、文字说明，以及文字和图示的组合方式，在版面上布置调整形成一定的相互关系，并施以表现技法，使读者能够快速、直接地了解设计作品的图示传达。布图表达有些类似平面构成，重要的是对不同大小、不同色彩的图片、文字的裁取与选用，以及对这些图片、文字从点、线、面的意义上去理解，并在既定图纸空间中去协调它们，营造出一定的版面节奏与氛围。

1）布图的原则

①整体性的布图原则。整体布图应当饱满、均衡、稳定，主从有别，将着重表达的内容作为整张图纸的视觉中心；注重避免图面的轻重不均衡的感觉，可利用一些小技巧进行处理，使得图面饱满充实。

②表达与内涵相统一。即图面表达与设计理念相统一的原则，布图要学会运用醒目的标题设计和与设计理念相关的图面形式来整体体现图示内容，并以简练的说明性文字内容辅助建筑图示的表达说明。

2）布图的要点

（1）“深、中、浅”的主次关系

布图首先要确定版式方向，即竖版还是横板。然后根据主要和次要的图纸进行排布。确定哪一张或一组图是需要重点表达的，然后确定其他次要性要素。同样，图面内容的表达也需要表现出这种“深、中、浅”的关系，让图面有主次感。

（2）“黑、白、灰”的灰度关系

色彩关系除了彩度的调和，更重要的是“黑、白、灰”的灰度关系，这样，不管是色彩表达还是灰度表达，图面都会具有良好的层次感。

（3）“冷、中、暖”的色调关系

色调关系是指整体图面的主体色调，或偏暖或偏冷。色调会烘托图面表达的气氛，让建筑的层次性表达融入图面的整体关系之中。“冷、暖”的色调关系应该以某一种色系作为主体色调的表现色，再进行一定的色彩搭配。中性的表达是纯粹的黑白灰素描关系表达，并无色调偏向。

3）布图的内容

（1）图纸标题

提出设计内容的图纸标题，可分为主标题和副标题，主标题展现设计理念，副标题说明作业内容。

（2）建筑图示

遵从布图原则，将平立剖等建筑图、分析图示、模型照片等有机地布置于图幅之内，形成整体布图的作品表达。

（3）文字说明

包括主副标题、各图示图名和图示索引文字、设计说明文字等对图面进行注释表达。

（4）技法表现

按照作业要求，可通过徒手或工具的铅笔素描表现、钢笔墨线表现、钢笔淡彩表现、马克笔快速表现等技法完成最终图纸表达。这一阶段我们只需进行钢笔墨线表现。

建筑作品抄绘分析学生作业见图 3-16。

3.4 图示语言单元任务

3.4.1 单元设定

单元设定：惊蛰化生——思维的转化。

1. 图示语言解读

建筑作品抄绘分析不应仅停留在技法的训练和作品内容的理解上，更要在这个过程中学会灵活运用建筑图示语言，使学生形成使用基本的图示语言交流的能力，培养建筑构图的审美能力，以及方案分析的基本思维逻辑等。

2. 作品模型体验

在熟悉图示分析的内容之后，学生亲自动手制作作品模型，完成从二维到三维模型的初次构建。进而，从模型制作过程理解抄绘作品从平面图示到空间模型的生成逻辑，并结合人体尺度分析内容，形成三维空间的建构体验。本单元作品模型不必非常细致，能够表达简单的形体关系以及准确的空间尺度即可。

3.4.2 理解重点

我们以“惊蛰化生”来理解设计思维的转化生成。惊蛰化生反映的是自然界生物受节律变化影响而出现萌发生长的现象。将这一现象类比设计行为的“生成”特性，以利于学生在思维转化的过程中不断体会、理解。

1. 了解设计创作的特性，了解设计生成的基本逻辑

（1）设计创造是从 0 到 1 的生成

设计是通过从构思到构建的过程并满足人们的精神文化和物质生活的创造性活动。设计概念的生成正如从 0 到 1 的转化——设计是一种创造性的活动，所产生的结果是从无到有的过程，从概念到生成需要不断的酝酿、激发质变的产生。

（2）设计是不断修正演化的过程

“设计”是物化创造的过程，是将概念物化、文化表征和意义追问融入设计创造的过程，设计与建造最根本的区别就在于设计的精神融入的属性。从设计任务开始起，各种易测量和不易测量的问题就会接踵而至，场地的限制、周边的环境、行为的需求、文化的延续……设计就成为一种不断修正、演化的过程。

（3）设计是遵循关联存在的产物

建筑与人、环境、城市、生态产生着千丝万缕的联系，建筑学是人类更高层次的思维活动与物质世界发生关联的产物。建筑作为精神物化的产品、场所存在的现象、和谐共生的整体，存在于我们的城市与环境之中。

2. 掌握设计图解方法与布图方式，学习方案表达技巧

抄绘分析锻炼学生以在作品资料中发现的点、线、面、形体、图片为元素，经过一定的图解构思，编辑成能够讲述一个小小“故事”的叙事结构。因此，如何从作品素材中截取相关的叙事性素材是这个作业成功与否的关键。图解分析内容可以自行分析也可以抄绘借鉴，最终要形成对建筑形式语言的积极表达。这一训练的目的是锻炼学生发现生活中蕴藏着的无限生机，把平凡中闪光的东西，经过我们的“慧眼”去发掘出来，并提升到“艺术”的高度，这对于“准设计师”来说，是一个很好的训练课题。

3. 建立解读建筑作品的基本逻辑，理解建筑图示语言

锻炼学生建立合理的建筑认知逻辑，学会如何叙述、解读建筑，认识到建筑评论怎样启发和影响人们的。在认知的过程中，需要我们把握大师的设计思想、明确建筑形态的特点和了解建筑设计的手法。在图解分析中，学生应尝试如何运用图示图解表达形状、构成、构图、色彩、要素、组合等形式语言内容，如何运用形式美原则表达均衡、对比、尺度、虚实、韵律、层次、秩序等构图法则。这些图示图解分析方法对于初学者是有较大难度的，需要指导教师准备较充足的资料，并进行主动有效的指导，同时，借鉴相关图解分析成果并进行图解抄绘也是一个很好的学习途径。

3.4.3　单元目标

1. 知识目标

（1）形成对“设计”概念、思维、表达逻辑的具体理解；

（2）初步形成对图示语言的分类及其表达方式的具体理解。

2. 能力目标

（1）初步形成认知建筑作品，并进行交流讨论的能力；

（2）形成运用图示语言进行建筑作品抄绘分析的能力；

（3）进一步加强运用制图技法的建筑制图、识图能力。

3. 素养目标

（1）培养学生的专业兴趣，鼓励学生探索创新，将创新意识融于课程学习；

（2）培养学生具备良好的沟通能力和团队合作精神，能够与他人协作、交流、表达自己的意见和看法。

3.4.4 单元模块的设计

1. 作业内容

（1）抄绘成果。对建筑平、立、剖面，轴测、透视等展现建筑形态的相关图纸、文字说明进行绘制表达。

（2）分析成果。对建筑立面或空间特征的某些设计特质进行图示分析与图解说明。

（3）模型制作。采用白卡纸或 KT 板等易加工的模型材料进行素模表现。

（4）汇报 PPT。介绍建筑作品的 PPT 文件，平时作为交流媒介，最后作为作业成果之一。

2. 作业要求

（1）指导教师根据指定的不同建筑作品难易程度，提出相关深度及要求。

（2）图示抄绘部分。由教师提供平立面及相关资料图纸，学生完成图纸抄绘。

（3）图解分析部分。加强作品抄绘过程中教师的解读和演示，学生首先尝试理解教师的讲解和相关资料对作品的解读，然后加上个人认知部分，并形成个人关于形态演化的图示表达。分析内容可从建筑师简介、建筑概况、场所特征、形态创新、功能组织、结构形式、材料与建造、意义与影响等几个方面选取。

（4）完成建筑作品抄绘、图解分析作业，由学生进行作业 PPT 汇报，教师点评，共同交流（图 3-16）。

（5）抄绘、分析成果的工具表达。

（6）模型或小组组合模型的表达。

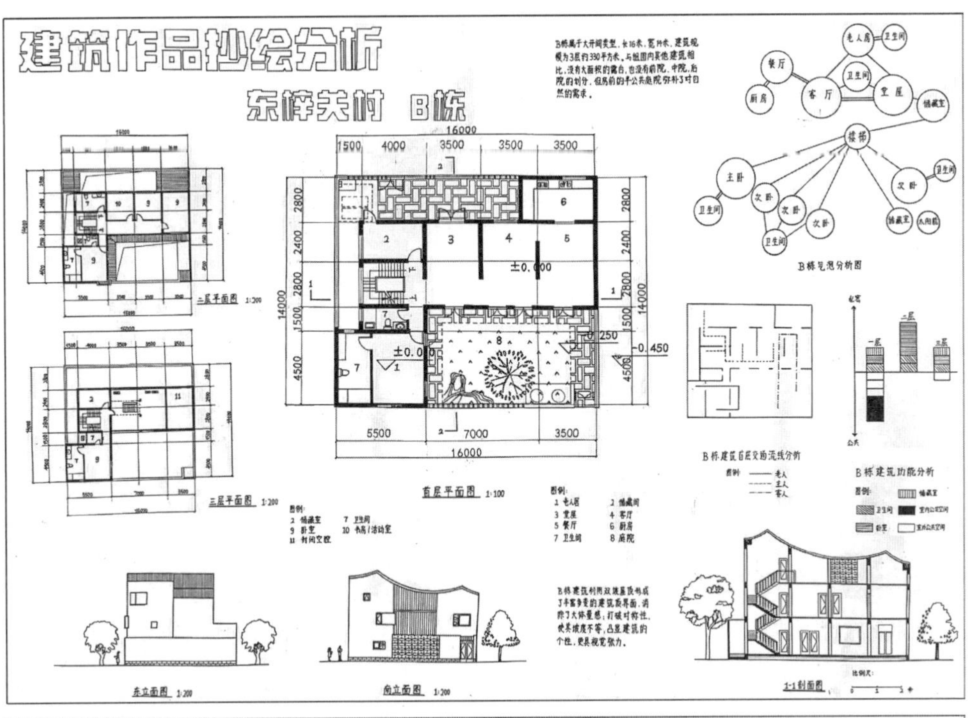

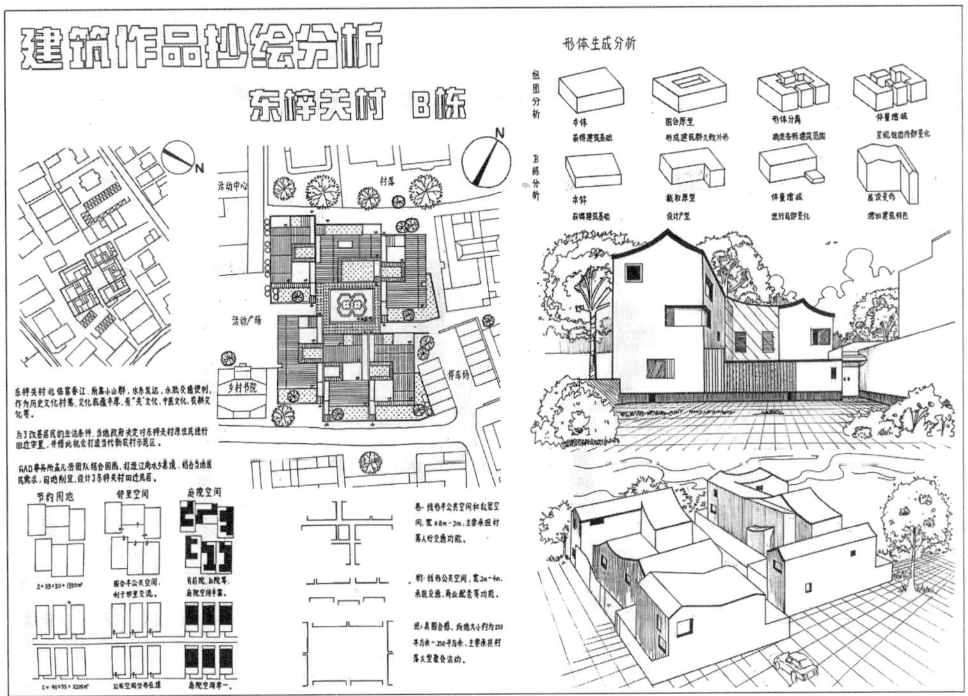

图 3-16　建筑作品抄绘分析学生作业

（图片来源：东北大学江河建筑学院建筑类 2022 级史李锦）

第四章　空间之体：概念的物化

概念的物化是指从设计概念的形成到物化实现的过程。物化实现是通过建筑要素的空间占据使空间有形，其中，体块是最易感知的建筑要素，体块可以体现建筑物的整体规模和空间尺度。体块的占据也限定了使用空间，以及进一步的功能关系、行为组织、人体尺度等。本单元我们将从体块空间入手，进行设计初体验，完成第一个从概念建立到物化实现的设计作品。

4.1　设计的双性思维

设计思维的启蒙是设计基础课程教学的基本任务，建立设计演化逻辑是形成设计创作能力的关键。鉴于人们对建筑“功能”的认知从内部空间开始，对于“形式”的认知从外部空间开始，本单元将从基本形式空间的要素训练入手——体块的形态组合，探索设计的逻辑。

首先，需要了解设计的双性思维。现代建筑学科的发展需要建筑师具备感性思维和理性思维，建筑的学习既要培养设计创作的能力，也应具备借助现代科技手段的数理思维能力，可称之为双性思维。此外，设计是为了满足人们需求的物化过程，有两种最基本的类型，一是创造型设计，二是优化型设计。这两种设计类型包含了在面对不同设计任务和不同设计导向时的不同思维方式。在低年级的设计基础和建筑设计教学中，主要是针对创造型设计方法的学习。

4.1.1　主动创造的设计思维

设计思维本质上是一种以人为本的问题解决方法，一般情况下，当人们发现问题或者产生一个想法后，就会直接寻求解决问题的操作办法或实现想法的具体行动。有所不同的是，每个人都局限于解决问题的能力或实现想法的偏好，从而得到千差万别的结果，因此，设计思维是解决问题的过程且没有标准答案。同时，设计思维是人先天所具有的，人的想象力为从发现问题、产生想法到解决与实现的过程保留了足够的时间、空间和可能性。在设计基础的学习中就是利用这一天性赋予的造物本能，通过建立演化过程的逻辑关系，掌握设计创造的基本方法，从而创造形式生成的可能性（图 4-1）。

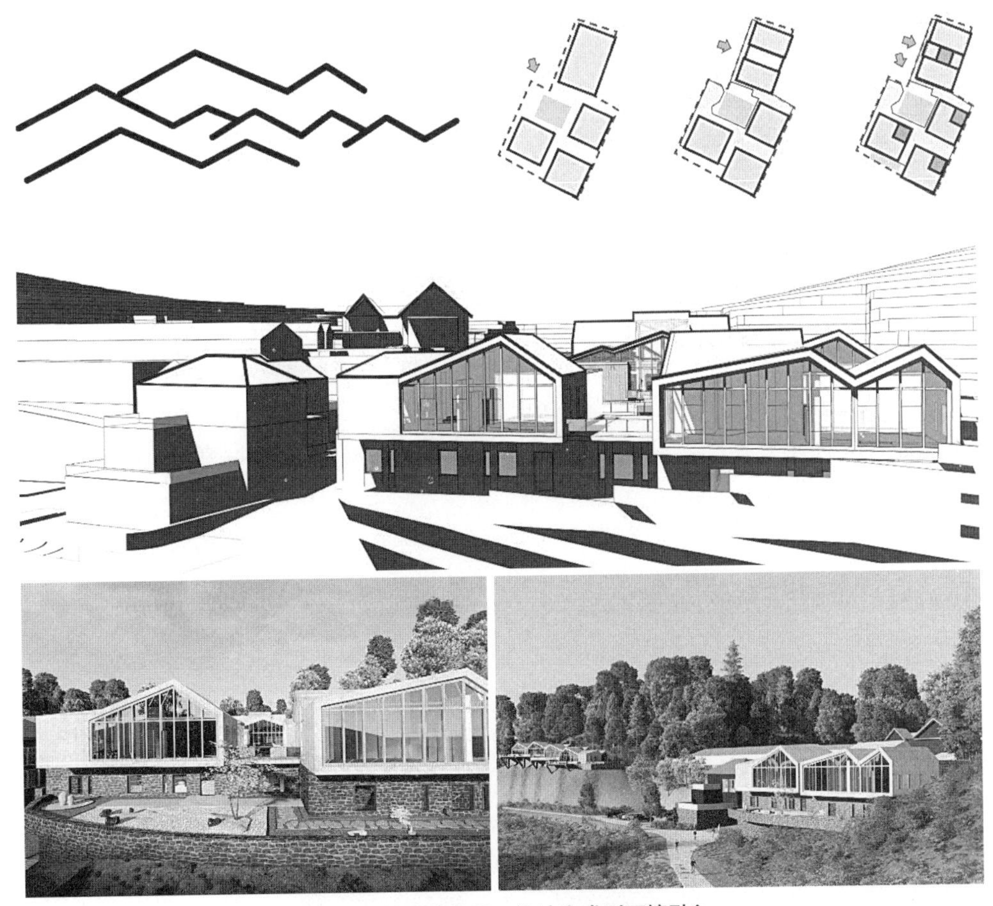

图 4-1　从设计构思、设计生成到环境融入
（图片来源：东北大学江河建筑学院教师陈雷）

设计创造能力的形成需要储备系统的知识体系和建立形式的演化能力。首先，设计思维的形成会受到社会时代背景的影响，以及人们自身的学识和实践的经历。设计思维的培养需要通过了解人类的文明形态、聚居形态和造物历史，逐渐认识生活的物质世界，认知社会、文化的形成基础及人本的需求等。其次，设计思维的形成具有发散和收敛的过程特征，正如一棵参天大树的生长，需要时间的渐进累加，而不能直接被制造出来。设计的想法有时可以感性自我地表达，有时需要不断的修改推敲，有时需要思维风暴的触发——突然一现的灵感。因此，人不可能一次就做出完美的设计，类似于进化，是无数的尝试中最后存活下来的一个分支。最后，设计是从以往的经验中学习，再加上从实用的角度出发，进而不断地修正与表达，从而创造出一个可接受的可能性。

设计创造的可能性要建立明确的设计目标并借助有效的工具手段来实现。随着时代的发展，各种建筑技术、建筑材料的进步，为建筑师的自由表达提供了坚实的基础，设计的可能性及设计的新方法被不断激发。例如，科技的发展促进了人们生活方式的进步，智能建筑的出现满足了智慧生活方式的需求，并可能成为智慧城市的主要物质形态。智能建筑被认为是一种新的建筑范式，是建筑艺术与现代控制技术、通信技术和计算机技术有机结合的产物，通过将建筑物的结构、系统、服务和管理根据用户的需求进行最优化组合，从而为用户提供一个高效、舒适、便利的人性化建筑环境。智能建筑的学习要掌握人工智能、建筑学、工程学、艺术学等多学科知识。智能建筑设计针对智能化需求，采用集成技术的手段来进行建筑设计工作。包括设计的基本流程、应遵循的技术要求、如何针对不同的建筑提出具体的设计方案、初步设计的文本编写、施工图设计的图样表述等内容。

4.1.2 要素整合的治理思维

卡莫纳在《城市设计治理：英国建筑与建成环境委员会的实验（CABE）》一书中提出了“设计治理”的概念，简单地理解是将行政治理与设计手段相结合，通过多元主体介入设计控制的方式和过程，使建成环境符合公众利益。设计治理从“社会设计学”的视角，已介入城市改造、乡村治理等，涉及设计学内在的理论系统与实践系统的互动，包括设计行为与社会生活、社会实践、社会空间、社会发展等相互联系的问题。可以说设计本身就是一种治理方式，“设计即治理”。

设计治理的对象是已经建成的使用环境，其中存在着具体的使用人群及其确定的空间形式。更新改造项目的设计过程与新建建筑的设计不同，前者需要尊重既有权属情况 、满足产权所有人的利益需求，设计需要通过多方的参与、有效的沟通、呈现过程性的设计特征。进行具体建筑设计时需要根据原有建筑物的结构特点、使用情况、甲方需求、公众利益、经济效益、项目运营等诸多方面，结合建筑本体利用、激发审美创意、满足新的功能，其设计过程可界定为“沟通协商 + 设计创造 + 活力营造”。因此，可将此类建筑设计或城市设计所要具备的思维方式称为“治理思维”。

4.1.3　迭代优化的计算思维

在信息科学的影响下，建筑学正经历着信息化的转型，工程领域的科学化实践促发了计算性设计思维的产生，推动了计算性设计方法、策略与工具的产生。例如，“绿色建筑”“生态建筑”与“可持续设计”等概念成为建筑学研究的前沿领域。建筑越来越关注节能、环保等方面的问题，可持续发展的理念已经成为建筑发展的核心，建筑设计正逐渐从关注自身的艺术性转移到关注对生态环境的影响。此类优化型设计体现了建筑形式背后的数学逻辑，在描述、量化、简化和优化设计目标的过程中，分析自然环境条件与建筑性能之间、建筑不同性能之间、建筑性能与功能需求和规范要求之间的关系。总之，所谓迭代优化的计算思维是指参数化建模工具和思想，培养学生通过逻辑规则创建和控制几何形态的能力，思考模型与模型关联、模型与参数关联对形态控制与优化的作用。

计算思维的能力培养在现代建筑教学体系中逐渐受到重视。基于计算思维的绿色建筑创作要求从建筑功能、空间、表皮与绿色性能的对应关系出发，不断迭代优化，即提出方案和评估方案作为一个迭代的发展过程，最终形成与设计目标匹配度高的解决方案。“绿色建筑”遵循建筑与环境和谐相处的原则对建筑进行优化设计，尽最大可能提高建筑的低耗能、无污染、健康环保、安全舒适等性能。需要指出的是，传统的建筑教育延续着“功能、空间与形态”为核心的现代建筑设计理论，在设计课的核心教学内容中几乎不涉及室内环境品质、建筑能耗等对方案立意及深化的影响。然而，“绿色”建筑的发展对建筑师被动式设计能力提出了更高的要求，越来越多的建筑师认识到建筑形体和表皮优化对提升建筑能耗性能的重要性。一些建筑院校开始将绿色建筑性能作为基本目标出现在建筑设计课程的课堂教学中，并尝试建立艺术和技术双轨并行的教学方法体系，对于完善建筑学人才培养体系具有重要意义。

城乡规划专业计算思维方式的培养对于国土空间规划领域大数据应用研究的意义重大。国土空间规划强调“用数据说话、用数据决策、用数据管理、用数据创新”，需要建立覆盖全域、全要素的国土空间基础信息平台，以及覆盖全过程的国土空间规划监测评估预警管理系统，形成全域、全要素、全过程的数字化国土空间治理体系，从而实现土地资源开发利用保护的科学规划、有效监管。地理信息系统（GIS）具有强大的空间分析功能，将事物的空间位置和相应的文本属性信息存储在数据库中，建立相互联系，便于查询与分析。在城乡规划中可利用数据库进行规划信息的查询与管理，实现各种空间数据的分析、评价、模拟与预测，以辅助城市总体规划与详细规划等规划设计工作。在空间数据库的基础上能够辅助城乡规划政策的制定，如城市用地的生态敏感性与适宜性分析，基于最小阻抗的交通可达性分析，规划选址、布局等方面的最优辅助决策分析等。

4.2 空间的维度

建筑形式是建筑要素的构成组织，也是建筑体量与空间情绪的共同表达，建筑材料、质感、颜色、光影等共同组成了建筑空间的品质和精神。建筑空间由不同维度来传达其品质和精神，包括形式空间、使用空间、物理空间、行为空间等。

对空间不同维度的推敲与修改也是一种迭代优化的过程，包括了主体创造的主动式设计、治理思维与计算思维的被动式设计。虽然是“黑箱作业”，但建筑创作仍需要遵循一定的规律，采用一定的方法——这是主体创作的共性特征。

4.2.1 主体创造与形式空间

1. 设计生成的形式逻辑

1）传统建筑的模因演化

建筑创作的源泉最先源于人们的生活经验。人对世界的既有认知储存了大量的形式化信息，许多设计创造都源于某种观念的认识，进而转化为形式语言的演化。从完形心理学的视角，基于最基本的形式空间，主体创造的过程类似一种形式演化的关系，由整体概念的思维到细节具体的思维，这符合形式逻辑生成的共性规律。在历史的演化中，最初人们通过对生活和自然界的认知，受社会、文化、道德等因素的影响，基于基本的功能需求，并借助于主观观念的认识创造出了具有一定共性特征的建筑形式语言。

其中，最具代表性的建筑原型是居住建筑与神庙建筑。人类建造建筑的最直接原因是为了居住。最初的居住空间搭建而成，形成了简易的、遮风避雨的建筑雏形。从巢居到干阑式建筑，从穴居到夯土墙建筑，再到中国传统穿斗式建筑、抬梁式建筑的形成，从中可以感受到建筑演化的逻辑。直至今日，东西方文明所创造的建筑艺术成就都令人叹为观止。

另一种功能类型的建筑雏形是庙宇，人们对死亡的敬畏与宇宙的崇拜造就了神庙建筑——逐渐形成了建筑原型的演化。神庙建造往往是举国之力，花费巨大代价，工程规模宏大。神庙建筑需要柱子结构支撑、进行空间分割，形成轴线秩序等，逐渐产生了一些基本形式语言的构成逻辑。例如，古希腊人建造神庙的灵感源于古埃及，参照了埃及神庙的结构方式，用柱子作为建筑支撑，并逐渐发展出具有装饰性的外立面柱式结构。

2）现代建筑的构成逻辑

与传统建筑成熟的形式语言相比，现代建筑构建了全新的形式语言体系，表达的主体可分为形式的意象、功能的表达，以及建筑与整体环境之间的关系等。形式既是具体的，同时又具有普遍意义，它为建筑学提供了表达意向和承载功能的具体方式，以及创造有序环境的普遍方法。现代主义建筑的形式基本要素或范型可以归纳为以下5种：①构成的形态[①]；②多米诺结构[②]；③纪念性物体[③]；④帕拉第奥主义[④]；⑤现成品与拼贴。第③、④、⑤条对于初学者有一定理解难度，我们可以先尝试理解前两种形态语言。

---

① 构成的形态，例如，蒙德里安的抽象绘画采用原色和几何图形，排除掉客观世界和对具体事物的表现。这种纯粹抽象的绘画形式拒绝了所有与历史相关联的符号和自然形态的再现，成为自我参考和自足的系统。

② 多米诺结构是一种柱板（暗梁）承重体系，柯布西耶在1914年首先明确提出了这一概念。它构成了迄今为止在建筑设计中被运用最广泛的基本单元。

③ “纪念性”天然地具备古典属性。纪念性物体是静态孤立的，是超越经验的、自洽的。现代主义对建筑的美学定义恰恰来自古典概念的重新发现 。

④ 帕拉第奥主义是建筑界唯一使用建筑师命名的惯用语，即帕拉第奥主义复兴建筑。帕拉第奥主义复兴建筑显示出强烈的风格主义倾向，由于数学逻辑的主导，建筑形式极为实用，并可产生丰富的变体，也没有任何浮夸的装饰，被视为现代主义的原型。

（1）形式构成逻辑与建筑空间的构成探索

第一种构成形态源于纯粹抽象的绘画形式，风格派绘画拒绝了所有与历史相关联的符号和自然形态的再现，成为自我参考和自足的系统。在设计领域，构成是将一定的形态元素，按照视觉规律、力学原理、心理特性、审美法则进行的创造性组合（图 4-2）。

（2）多米诺体系与单元模块组合特征探索

多米诺体系是现代建筑的框架结构原型。这种三维的立体形态是对基于现代技术、材料的新形式语言的总结，以及对钢筋混凝土结构形成空间形态的高度概括，并构成了迄今为止在建筑设计中被运用最广泛的基本单元。多米诺体系最重要的特点是混凝土柱承重取代了承重墙结构，建筑师可以随意划分室内空间（图 4-3）。

多米诺体系关于建筑工业化的发展主要包括两个方面，一方面为单元组合特征的探索，即探求重复的单元型模块在适应地形时组合的多种可能。另一方面为单元多样性的探索，即标准的模块骨架配合其他构件在引入居住生活具体要求时的空间变化。在本单元的学习中，首先从第一方面探求单元模块组合的可能性。

2. 形式语言的认知表达

对于形式语言的认知与表达，来源于人自身的造物本能，是由人的思维方式和记忆特点决定的。美国著名认知心理学家赫伯特·西蒙认为，设计人员发展模仿行为是由人的思维方式、记忆特点决定的。这里的模仿是一个中性的词汇，模仿既代表创作行为的一种生成方式，也有临摹、抄袭的意思。在人的成

图 4-2　具有构成手法的施罗德住宅

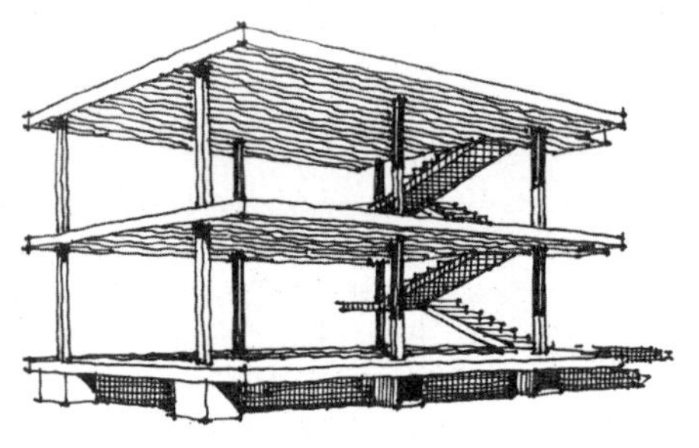

图 4-3　多米诺体系的基本单元

长过程中，模仿是个体适应群体获得发展的最初手段，是个体从低级走向成熟的必经阶段，模仿来自于人的天性（图 4-4）。

在学习建筑知识的过程中，必然存在着模仿的现象，我们需要理解并引导这样的行为。同时，模仿也是抄袭这种现象存在的内在因素，包括低劣的模仿技艺等，这是现象的一部分。但是，模仿与抄袭有本质的区别，抄袭是指不劳而获地剽窃他人成果，不加自身创新。而模仿则是学习的必经之路，虽然也是以他人的经验为踏板，但模仿的目的是学习与创新。例如，贝聿铭设计的卢佛尔宫金字塔，外形的三角锥体只是一种体积形态而已，贝聿铭在结构与材料的表达、设计理念的表达方面均有自己的独到之处，所以，这就是一种借鉴而不是抄袭（图 4-5）。

避免抄袭最根本的做法是在设计过程中形成自身形态的演化过程，形成自身表达的思想和主张，而不能只是单纯的照搬复制。学习之初可以通过复制学习的过程领会建筑师的设计意图，感受形式的空间尺度，并逐渐尝试自己的设计表达。

3. 形式空间的基本关系

无论杆件的调节还是板片的界定，都是为了分割最基本的形式空间——体块空间。体块，在一定程度上代表着格式塔的“完形”概念，是对复杂物体各部集合最直接的概括。建筑体块就是建筑的形体，指把建筑简化为一个形体。可以说，建筑是由体块所构成的，体块存在两种空间，一是体块自身内部空间，二是体块占据而形成的剩余空间。本单元从格式塔心理学的完形认知出发，首先研究基本形式空间的形体组合关系。

图 4-4　米拉公寓

图 4-5　贝聿铭设计的卢佛尔宫金字塔

（1）并列关系

①连接：两个相互分离的空间由一个过渡空间连接，过渡空间的连接形式对于空间的构成关系有决定性作用。

②分离：形体与形体之间不接触，有一定距离。

③相切：形体与形体之间的边缘正好相切。

（2）融合关系

①透叠：形体与形体的透明相交，形成一种灰色的空间，产生透明性、丰富性。

②包容：两个空间中大空间中包含着小空间，这种内含关系使两个空间产生视觉与空间上的连续性。

③联合：也叫结合，形体与形体融合成一个空间。

（3）减缺关系

①差叠：以一种形体相交另一种形体，只有互叠的地方可以看见，产生新形。

②减缺：一种形体减去与另一种形体相交的部分。

（4）复叠关系

①叠加：两个不同的空间形体互相叠加时，两个形体虽然互不相交但都暗中破坏了各自形体的特性，并结合产生一种新的组合体。

②重叠：形与形之间的遮盖，也叫复叠，是一种次序的空间，产生层次感、空间感。形与形之间是复叠关系，由此产生上下前后左右的空间关系。

4.2.2 人体工学与使用空间

使用空间是可供人使用的建筑部分，可以是室内房间，还可能是室外露台或者庭院，甚至是任何可以为人的活动提供服务的空间。人体尺度与使用空间是由人和家具、人和墙壁、人和人之间的关系来决定的。人体活动所占空间尺度需要根据室内环境的行为表现来确定活动空间范围。人的自身也是建筑尺度的基本参照，需要指导建筑设计呈现恰当的或预期的某种尺寸，以及对人的影响。

1. 人体尺度

人体工学又叫人类工程学，是以人体测量学、生理学等作为研究手段和研究方法，综合地进行人体结构、功能、心理以及力学等问题的研究学科。自从有了人类历史以来，从人类的衣食住行到工具的制作，都是为了生存，为了更好地生活、工作、学习、休闲、娱乐。而这一切都是围绕着“人”来设计制作的。人体工学对于设计学科的各领域来说，从宏观的规划设计，具体的建筑设计、室内外环境设计，到微观的产品设计、平面设计，都是不可缺少的基础知识。人体工学以人与物的关系为研究对象，以实测统计分析为基本的研究方法，让人类工作及生活更有效率为研究目标，同时促进人类幸福。人体工学的研究，一方面要建立及维持设备、工具、工作及环境因子间的相容性，另一方面也要考虑人体解剖、生物力学及观念上、行为上的特征。

人体工学在本质上是将工具的使用方式尽量适合人体的自然形态，人在使用工具工作时，身体和精神不需要任何主动适应，从而尽量减少使用工具造成的疲劳。人体尺度是人体工程学研究最基本的数据之一，通过测量人体各部分尺寸来确定个人之间和群体之间在人体尺寸上的差别。人体动作域是指在室内各种工作和生活活动范围的大小，是确定室内空间尺度的重要依据之一。人体测量包括静态测量和动态测量，涉及静态尺度和动态尺度。静态尺度，指静止的人体尺寸，即人在立、坐、卧时的尺寸。动态尺度，指人在作业及动作在空间进行时所发生的功能尺寸。由于人的行为目的不同，人体的活动状态也不同，故设计上考虑的各功能尺寸也不同。人体尺度具体数据尺寸的选用，应以动态的人体活动尺度为基准，以人们动作和活动的安全性为前提。设计时为了便于选用，可以将测量数据制成表格，也可采用比例法进行估算。

我国于 1988 年发布了《中国成年人人体尺寸》GB/T 10000—88。例如：建筑设计中需要对门洞高度、楼梯通行净高、栏杆扶手高度等提出标准值，门洞高度、楼梯通行净高、栏杆扶手高度等应取男性人体高度的上限，并适当增加人体动态时的余量进行设计；对踏步高度、上搁板或挂钩高度等，应按女性人体的平均高度进行设计。又如，在卧室的尺寸设计中，要考虑到床的大小和灵活的布置，卧室的适宜开间尺寸不宜小于 3600mm；卫生间作为住宅最小的使用单元，需要满足的功能较多，设计中要满足设施使用的适宜尺寸；应考虑门和走道等交通空间的最小宽度，如走廊满足一个人单向通过的最小尺寸为 950mm，满足两个人对向同时通过的最小尺寸为 1200mm，满足一个人侧身避让另一个人通过的最小尺寸为 1050mm 等；满足一个人通行的楼梯梯段尺寸为 750~900mm，满足两个人通行的楼梯梯段尺寸为 1100~1400mm，楼梯缓台（休息平台）的宽度宜大于等于楼梯梯段宽度。

2. 建筑模数

19 世纪，建筑师勒・柯布西耶等人对人体尺度在建筑中的应用作出了巨大贡献，创立了模数制。1948 年，柯布西耶出版了他最著名的著作之一《模数》，随后是 1953 年的《模数 2》。模数是一种标准单位尺寸，因技术要求而产生，它使建筑从整体到构件的尺寸成标准单位的倍数。在他的计算中，关系本身被称为“模数”，是一种基于黄金分割比例的测量系统。他最终确定的模数由三个主要指标组成：标准人的身高为 1.83m（之前的模数为 1.75m 高，相当于法国人的平均身高）；举起手臂的标准人高度为 2.26m；从举起手臂之间到地面的中点，即肚脐，它的高度为 1.13m。这也是构成斐波那契黄金分割的三个区间。利用这两个数值为基础，插入其他相应数值，形成两套级数，称为模数。但有人认为柯布西耶的模数不能为工业化所利用，因为其数值系列不能用有理数来表达。

建筑设计的基本模数的数值应为 100mm（1M 等于 100mm）。整个建筑物和建筑物的一部分以及建筑部件的模数化尺寸，应是基本模数的倍数。例如，模数数列应根据功能性和经济性原则确定。建筑物的开间或柱距，进深或跨度，梁、板、隔墙和门窗洞口宽度等分部件的截面尺寸宜采用水平基本模数和水平扩大模数数列，且水平扩大模数数列宜采用 $2n$M、$3n$M（n 为自然数）。建筑物的高度、层高和门窗洞口高度等宜采用竖向基本模数和竖向扩大模数数列，且竖向扩大模数数列宜采用 nM。构造节点和分部件的接口尺寸等宜采用分模数数列，且分模数数列宜采用 M/10、M/5、M/2。

4.2.3 环境生理与物理空间

建筑设计要考虑室内外环境的适宜性因素，即建筑的物理环境。包括光感环境、湿热环境、风环境、声音环境等。

1. 视觉机能与光感环境

“视觉机能”中的“视觉”指视知觉，即视觉是各种环境因子对视感官的刺激作用表现出来的视知觉效应。建筑的开窗采光是满足视觉机能的基本方式，需建立开窗数量、面积和室内采光需求的基本认识。此外，视觉机能包括视力、适应、视敏度、视野、闪烁、眩光、立体视觉等。首先需要初步了解部分概念，以便于更好地理解相关内容。

（1）适应

适应是指人的感觉器官的感受性发生变化的过程和达到的状态。眼睛向暗处的适应叫暗适应，适应时间长达十多分钟；反之叫亮适应或明适应，约一分钟完成。在光环境变化强烈的出入口要设置照明系统或遮阳过渡措施，使人的视觉适应环境的变化。

（2）视敏度

在可见光范围内，眼睛对各种波长的光具有不同的感受性。眼睛对某波长光的敏感程度，称视敏度，也就是指观看物体清楚的程度。例如，商店橱窗的陈列，红色物品宜放置在明亮处，或采用近似日光的照明系统使其鲜艳。对近似绿色的物品，宜设置在较暗处或使用单色照明系统使其鲜明。

（3）视野

视野是指视线固定时眼睛看到的范围。静视野是两眼静视时的合成视野；动视野是让眼球自由运动的视野；注视野是注视范围大约停留在 40° 界限内。在室内空间中，如果各围合界面都在视野范围内，会感觉太小、压抑，反之则显得宽广。看清物体的最佳视野距离在 34.4m 以内，这也是歌剧院的最大视距。

（4）眩光

眩光是指眼睛遇到过强的光，整个视野感到刺激，眼睛不能完全发挥机能。建筑中不恰当的阳光采光口、不合理的高度及不恰当的强光方向，均会在室内形成眩光。对有特殊要求的室内环境需特殊处理，例如展厅的高窗。处理眩光的办法有两种，一是提高背景的相对平均亮度，二是提高窗口高度使窗下的墙体对眼睛产生一个保护角——保护角不得小于 14°（图 4-6）。

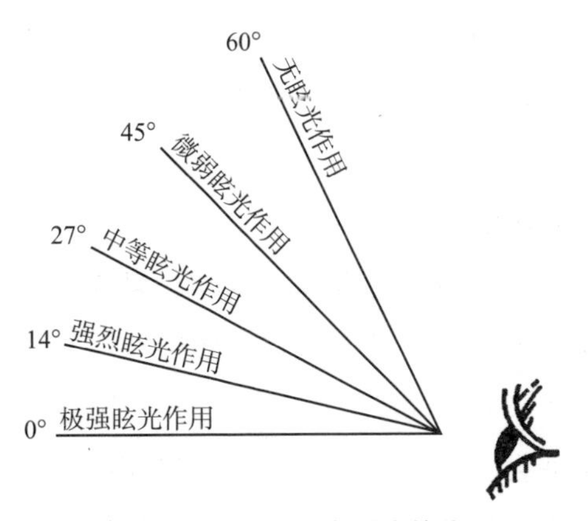

图 4-6　发光体角度与眩光的关系

建筑需要利用天然采光通过不同形式的窗户以及建筑构件，既使室内形成一个合理舒适的光环境，又使建筑外观具有新颖、美观、协调的形象性要求。建筑采光口设计是影响建筑形态的重要表达内容。建筑采光口即建筑的开窗，一是为了采光，二是为了通风。为有效改进建筑的采光问题，应将人工照明与自然采光相结合。总之，建筑采光口的设计应从以下几方面考虑，第一，冬季能够获得足够的日照；第二，夏季防止太阳辐射；第三，要满足建筑节能的要求；最后，要满足人的生理及心理需求。

2. 人体舒适度与湿热环境

室内热湿环境（也称室内气候）由室内空气温度、湿度、风速和室内热辐射四要素综合形成，以人的热舒适程度作为评价标准。所谓人体热舒适，指人体对热湿环境感到满意的主客观评价。影响室内热湿环境的因素包括室内外热湿作用、建筑围护结构热工性能以及暖通空调设备措施等。其中，建筑围护材料的热容量与材料的比热容和体积有关。系统的热容量越大，介质的热阻也越大，系统的热惯量也越大。砖石材料被认为是高热惯性材料，常用于高温环境中保持室内长时间凉爽。在较寒冷的地区，通常使用低热惯性材料（例如木材），以便在寒冷季节内部加热更快。

建筑的热湿环境研究往往需要研究不同环境和活动强度下人体的散热和散湿量，涉及湿热环境下人体生理学和心理学的研究。建筑热湿环境的研究需要综合考虑并满足人的使用行为，即在满足使用功能的前提下，如何让人们在使用过程中感到舒适和健康。随着人民生活水平的日益提高，如何创造舒适的室内热湿环境越来越受到人们的重视。特别是居住建筑设计中，空气流通对于营造舒适环境至关重要，稳定的气流都会释放湿气并提供渗透的气流。此外，伴随着能源消耗的增加，建筑热湿环境的研究更涉及建筑设计与气候的关系、结合气候设计的要素和策略、气候变化与建筑领域的碳达峰、碳中和等诸多方面内容。

3. 人体舒适度与风环境

人体舒适度是人体对环境中的温度、湿度、风速、日照等的综合感官。风对建筑室内外环境及人体舒适度都有着重要的影响。室内风环境的建筑通风分为自然通风和机械通风，是指将建筑物室内污浊的空气直接或净化后排至室外，再把新鲜的空气补充进去，从而保持室内的空气环境符合卫生标准。室外风环境主要在于建筑群和构筑物会显著改变近地面风的流程。近地风的速度、压力和方向与建筑物的外形、尺度，建筑物之间的相对位置及周围地形地貌有着很复杂的关系。在有较强气流时，建筑物周围某些地区会出现强风，如果强风出现在建筑物入口、通道、露台等行人频繁活动的区域，则可能使行人感到不舒适，甚至形成风灾。因此，一个完善的设计从建筑设计、规划设计上都应该能够充分利用自然通风、改善区域的微气候，周密的规划布局以及合理的建筑空间设计可以达到良好的风环境塑造。同时，良好的自然通风也是一种最简便和容易实现的节能技术，其主要作用包括提供新鲜空气、生理降温、释放建筑结构中蓄存的热量，以及通过改善通风条件提高人员的舒适度和建筑品质。

人们在选择居住户型时非常注重“穿堂风”，就是图 4-7 所示的原理，对侧设置开窗能够利用风压的作用形成自然通风，然而当同侧开窗时，只能利用热压的作用实现自然通风，所以此类房间通常比较闷热，空气不流通。室外风环境主要在于建筑群和构筑物会显著改变近地面风的流程。

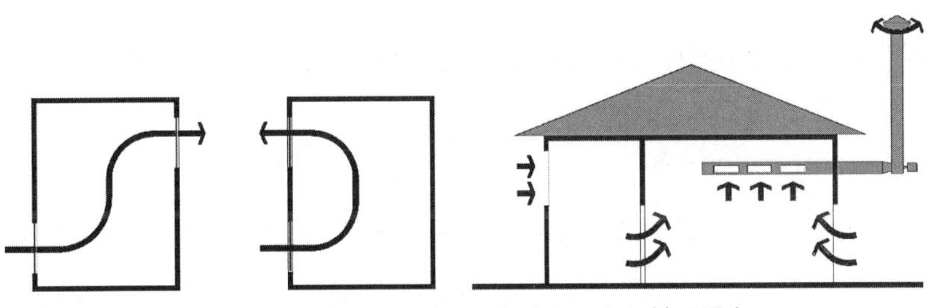

图 4-7　建筑的室内通风（自然通风和机械通风）

4. 听觉机能与声音环境

声音实际上是一种机械波，是机械振动在介质中的传播，也称声波。反映到人耳使人获得感觉的声音用响度来表示，主要由声强或声压决定，同时，声音具有方向性，听觉也具有时差性。不同的建筑反射声能向人传达有关形式和材料的不同印象，促使形成不同的体验。影响建筑声环境的因素除了声源之外，还与人的主观听觉有关。因为声音要靠人耳做出最后评价，人耳的听觉特征是音质营造与噪声控制的重要依据。令人愉悦的音质也可以是一种“景观”，称之为“声景”。与传统的噪声控制研究不同，“声景”研究是从整体上考虑人们对于声音的感受，研究声环境如何使人放松、愉悦，并通过针对性的规划与设计，使人们有机会在城市中感受优质的声音生态环境。

建筑对声环境的设计主要包括两个方面，一为室内声音质量问题，二为噪声控制。例如，在音乐大厅的音质设计中，大厅内部空间形状对音质具有很大的影响。此类观演建筑还需要通过吸声材料控制混响时间，消除回声、颤声等音质缺陷等。扩声器装置一般放置在屏幕上方三分之一处，以便使观众的视听方位感一致。又如，在建筑的噪声控制中，建筑设计时要考虑闹、静分区，将安静环境的功能用房远离室外噪声源。此外，在建筑和城市声环境的设计中也可通过相关辅助手段进行噪声的掩蔽与控制。大型商场通常用音响系统来掩蔽嘈杂噪声；在城市规划中，人们将临街用地规划为商业服务业使用，以掩蔽街道噪声。城市空间环境中的声元素的运用与营造也是建筑设计和城市设计中需要考虑的重要方面。

4.2.4 环境心理与行为空间

环境心理学是研究环境与人的心理和行为之间关系的一个应用社会心理学领域，又称人类生态学或生态心理学。空间与环境是两个既有联系又相互区别的概念，空间可以独立存在的，而环境则必定围绕一定的核心或主体。因此，建筑可以认为是由空间构成以人为核心并为人服务的环境。理解到建筑与使用环境的关系，建筑师们开始与心理学家、社会学家一起研究建筑环境中的心理和行为，逐渐形成了以人为本的设计理念。1981 年国际建协大会所通过的《华沙宣言》指出，“建筑师的职责必须包括对他工作环境的考虑，并有义务去保证他的工作能为社会环境的协调作出贡献”。

环境行为研究的空间对象可称之为行为空间，行为空间是指人们活动的地域界限，既包括人类直接活动的空间范围，也包括人们间接活动的空间范围。直接活动的行为空间范围包含人及其活动范围所占有的空间，如人站、立、坐、跪、卧等各种姿势所占有的空间；人在生活和生产过程中占有的空间，如行走的场所、通道的空间大小，足球比赛要满足球运动中所占有的空间大小，看电影则要满足视线所占有的空间大小，劳动时则要满足工作场所的空间大小。间接活动空间是指人们通过间接的交流所了解到的空间范围，既包括通过邮政、电话等个人间的联系所了解的空间，也包括通过报纸杂志广播电视等宣传媒介所触达到的空间。

总之，建筑要满足人们环境行为使用心理的要求，对建筑设计的人本化和生活化目的具有重要的参考作用。

下面从三个方面理解环境心理与行为空间的关系，分别是形式化的视觉心理、人本化的行为心理、交往性的需求心理。

1. 形式化的视觉心理

视觉心理是指外界影像通过视觉器官引起的心理机理反应。格式塔心理学是西方现代心理学的主要流派之一。格式塔是德文"Gestalt"的译音，意为"模式、形状、形式"。"格式塔"的研究内涵包括两种含义：其一，事物具有特定的形状或者形式，即物体的性质；其二，指一个实体对知觉所呈现的整体特征，即完形的概念。在我国，格式塔心理学也译为"完形心理学"，其核心理论是，"人对事物的感知，不是各元素感觉的简单相加的综合，而是直接把事物感知为完整的统一体"。

图 4-8　格式塔视错觉

格式塔视错觉理论认为，眼脑作用是一个不断组织、简化、统一的过程，正是通过这一过程，才会产生出易于理解、协调的整体。许多人会看到图 4-8，左图白色的三角形，其实这个三角形并不存在，而人的大脑已将失去的信息填补起来。中图同样也没有画三维球体。右图是著名的杯脸图的图底反转案例，人的视觉允许人在不同的解读上游移，但人却无法同时看到两种以上的解读方式。可以说，正是视错觉导致了格式塔的崛起。

人们利用物理量、心理量、尺度感及格式塔错视来营造空间形态。雅典卫城帕提农神庙在立面采用了"视觉矫正"的微妙处理，在柱子的处理上，并非全部垂直平行，各边只有中央 2 根真正垂直于地面，其余都向中央略微倾斜，从而获得了更为亲和的视觉效果。又如，帕提农神庙的柱子有卷杀[①]、收分[②]，是为了避免中间的柱子呈现变细的错觉。再如，神庙四边基石面并非完全水平，而是中央比两端略高，看起来反而更接近直线，避免了纯粹直线带来的透视变形，并且也利于散水。

考夫卡提出了"格式塔原则"，包括相似原则、相近原则、连续原则、闭合原则、主体 / 背景原则、简单 / 对称原则、共同命运原则、整体原则、简化原则、群化原则等。这些原则能够指导图示信息的认知与传达——如何减少复杂性，同

① "卷杀"是一种建筑用语，将构件或部位的端部做成缓和的曲线或折线形式，使得构件或部位的外观显得丰满柔和。

② 古代的圆柱上下两端直径是不相等的，根部略粗，顶部略细，这种做法，称为"收分"。

时增强关联性，以及信息的高效传达等。

①相似原则：具有相似特征的元素，不论是它的形状、颜色、大小、排列方式等只要具有相似性，人就会认为它们是一个群组或整体。

②相近原则：元素之间的距离较短或互相靠近，人的视觉会认为它们是一个群组或整体。相似与接近是两个不同的概念。接近强调位置，而相似则强调内容。

③连续原则：人的视觉倾向于把一个图形中连接在一起的平滑部分看作一个整体。

④闭合原则：也称封闭原则。人们在观察熟悉的视觉形象时，会把不完整的局部形象当作一个整体的形象来感知。

⑤主体 / 背景原则：主体指在界面当中占据人主要注意力的所有元素，其余元素在此时均成为背景。图形与背景的差别越大，图形就越有可能被人感知；反之，则不易被感知。

⑥简单 / 对称原则：在观察事物过程中，人的第一印象更倾向于简单且对称的图形，这就是格式塔的简化对称性原则。

⑦共同命运原则：是指如果一个对象中的一部分朝某方向运动，则共同移动的部分易被感知为一个整体。

⑧整体原则：完形具有一种组织功能，能填补缺口或缺陷，人的视知觉具有完形的组织，这是一个构建的过程。

⑨简化原则：通过视知觉简化后具有基本几何形式的“形”，这种简化后的“形”更易被人感知。

⑩群化原则：群化来自基本单元连续或重复规律下隐藏着的统一和变化的美学原则，体现出标准化和多样性的统一。

2. 人本化的行为心理

人本化是“以人为本”，即从人本身出发来分析问题。人本化特征主要体现在对人的尊重，“以人为本”是人本主义心理学的宗旨。人本主义心理学是将人当作心理学核心的关注对象，以研究人性、经验、价值等为核心的心理学思潮。人本主义心理学的代表人物主要有马斯洛、罗杰斯等。

所谓的模式，就是从不断重复出现的事件中发现和抽象出的规律，是人们在实践当中通过积累而得到经验的抽象和升华。行为是人们的社会结构意识支配的能动性活动，行为必然发生在一定的环境脉络之中，并且在许多方面与外在的环境（包括自然的、人工的、文化的、心理的、物理的）有着很好的对应关系，从而形成一定的行为模式。当物质环境与人文环境结合形成的具有特定意义的城市环境空间，并被赋予社会、历史、文化、人的活动等特定含义之后才能称为场所。例如，人在环境场所中集群行为的聚集模式，在环境中移动形成的流动模式，以及在灾害情况下人群的避险行为模式等。

行为场所有 3 个显著特点：

①存在着固定的或经常发生的行为模式。这些固定的行为模式只要在适当的场景就会被激活。

②行为模式通常是有目的性的，或者受社会交往习惯所支配。日本学者渡边仁史把行为定义为“带有目的之活动的连续集合”。

③行为场所的交际特点与行为模式有着不可分割的联系。空间场所可以通过引导、暗示、唤醒或抑制来规范人们的行为。因此，空间场所对行为具有引导性，良好的城市空间鼓励和激发一些潜在的行为模式。

总之，人的行为表现为个体的行为方式和群体的行为特征，在设计中行为模式可以和空间场所形成交互作用。在公共环境设计中要注意观察空间中人群的分布特征与行为活动方式，建筑设计要合理安排功能分区与行为流线，室内环境设计要研究人群的行为偏好和习性等。

3. 交往性的需求心理

现代城市是一个个聚集着大量人口的地理单元，人与人的交往活动已成为生活中必不可少的一部分。空间具有形式需求心理，空间的形状、大小、比例等无法满足人的生活规律，然而会在人的生活心理方面形成一定的约束感，从而在生活中形成适宜或不适宜的感受。例如，空间比例中长度与高度的比例不合适时，会形成一种明显的压迫感，从而导致心理不适，因而人们对于空间形式内容具有某种本能的心理需求。

（1）空间的限定心理

所谓空间的限定性是指利用实体元素或人的心理因素限制视线的观察方向或行动范围，从而产生空间感和心理上的场所感。最基本的空间限定是空间概念的封闭与开放。封闭空间是指用限定性较高的围护实体包围起来，在视觉、听觉等方面具有很强的隔离性空间。开敞空间是指城市或者城市群中，在建筑实体之外存在的开敞空间体，是人与人、人与自然进行信息、物质、能量交流的重要场所。

例如，围合与分隔、凸凹、色彩。围合与分隔：围合的要素本身就是分隔要素，组合到一起形成围合的感觉。围合能给人带来私密感和明确的形式感。凸凹：建筑内运用高差产生凸起或下凹，通过改变地面的高差来限定空间。下沉空间会限定出一个较为明确的领域范围，形成类似私密感的虚空间。抬高的区域会成为视觉的焦点。色彩的变化可使人产生冷暖的感觉，也可形成不同的领域感，从而划定不同的空间区域。

（2）空间的认知心理

空间认知是有关空间关系的视觉信息加工过程，由一系列心理变化组成，个人通过此过程获取日常空间环境中有关位置和现象属性的信息，并对其进行编码、储存、回忆和解码。空间场所感的建立源于对空间的识别与认同，进而某种特定的空间会激发特定的行为发生。空间的可识别并可到达是形成空间认同心理的重要前提。可识别性能够与其他城市空间、场所、结构等有效区分，形成自身特质的能力；可达性是城市中某一场地可以到达的容易程度。可识别性与可达性能给予人们认同感和舒适感，反之则是迷失感和疲惫感。

（3）空间的情绪心理

空间的情绪心理可以理解为空间对于体验者情绪的铺垫、缓冲与过渡的引导。在建筑空间中，人的各种活动直接与空间的视、触等环境相关联。空间环境的大小、比例、光感、质感、颜色以及形态、气氛、风格等都直接影响使用者的情绪。设计师会主动赋予空间的情感流露，例如，纪念性是严肃、带有尊敬和怀念之情的场所性空间需求。古代宫廷建筑、教堂建筑和现代的行政办公建筑与纪念馆、纪念碑等，都通过设计师的卓越创造，赋予了纪念性建筑形式语言的性格表达。

4.3 设计初体验

在形式化的视觉心理中可以了解到，被视知觉简化后的“形”才是最容易被人们感知的。基本几何形式的“形”是初学者最易接受的建筑形式认知图示。在建筑作品抄绘分析中，绝大多数同学都会选择形体关系进行分析。因此，本教学单元首先从体块要素的形态构思入手，主要教学内容为体块构成、功能分区、人体尺度等三方面的设计初体验。下面将结合本单元设计练习的教学逻辑，初步介绍建筑设计的相关内容。

4.3.1　使用需求的设计策划

1. 需求与策划

建筑作为满足使用活动的物品必须符合人类的需求，不同层次的受众需求会促成不同类型的建筑产品，城市包含了众多建筑作品的集合，从社会学的视角，城市空间形成了差异化特征，即空间分异。因此，进行建筑设计时，要辨别建筑服务的不同受众群体，根据不同特征的设计需求，提出不同的设计目标，形成不同的项目策划。

2. 条件与任务

在教学任务书的布置中，主要讲解设计任务书和规划设计条件知识点。设计任务书是业主对工程项目设计提出的要求，是工程设计的主要依据，也是进行建筑创作的指导性文件。任何一个建筑设计的任务必须有明确的设计任务书，建设项目的设计任务书是编制设计文件的主要依据。同时，建筑设计的具体任务需要满足一定的规划设计条件①。规划设计条件是指在城市建设中，由城市规划管理部门根据国家有关规定，从城市总体规划的角度出发，对拟建项目在规划设计方面所提出的要求。

3. 设计的响应

设计响应包括建筑与用地的关联分析、设计构思、空间分割、要素组织等方面内容。在明确了用地条件和任务要求之后，应在设计构思的推动下完成形态关系的空间分割与功能组织。建筑空间分为外部空间和内部空间，内部空间和外部空间具有十分密切的关系，内部空间是从自然空间分割出来的，通过建筑形体要素的限定形成空间。因此，空间分割包括建筑外部空间分割和建筑内部空间分割。建筑的外部空间给人最强烈的印象是建筑的空间体量以及更进一步的建筑形式。

4.3.2　场所环境的关联分析

建筑设计应对周边环境条件做出正确的设计响应，对场所环境的设计关联分析是必须掌握的基本技能。在这里，首先要初步建立环境关联的不同认知层次。

---

① 规划设计条件是展开建筑方案设计的指导性意见，有些是带强制性的规定，对设计者提出了在规划方面的要求。

1. 现状分析要表达出空间的逻辑关系

任何一个建筑项目都需要与周边环境和城市产生联系，包括功能的关系、交通的联系、形态的协调、文化的融入等，也就是说，任何一栋建筑都存在根植于场所环境的空间逻辑。

①区位的重要性。分析区位价值、周边用地关系，以及用地自身价值等。

②用地的相关性。分析相邻用地环境、土地使用情况、相邻空间关系等。

③交通的系统性。分析周边道路交通条件、道路网络、等级结构、用地出入口设置等。

④景观的可塑性。分析重要的空间景观要素，寻找用地内外的景观渗透关系等。

⑤形态的逻辑性。分析周边空间形态与规划用地的形态关系，单体建筑设计要与周边空间形态相协调。

2. 现状分析要提取出关键的空间信息

地块条件的一些关键信息会最大程度影响建筑师的设计伦理或形成限制条件的约束。这些关键信息往往成为不可逾越的管控红线，是建筑师首先要遵守的条件约束。

①物理空间环境。包括用地内外环境的日照要求、视线要求、消防要求、场地通风要求等方面。

②文物保护内容。用地有无文物保护、古树名木、紫线控制要求等。

③其他用地信息。用地权属界限、现状保留建筑、地下管网、地面杆线等。

④规划条件分析。由规划部门提供。

3. 现状分析内容要形成图示的表达方式

现状分析的内容及其图纸并没有固定的内容，可根据环境特征的识别灵活掌握，比较有代表性的图纸内容如下：

1）用地的规划分析

（1）用地区位分析图

分析用地的地理空间位置与城市功能及用地规划的相互关系。可用图解的形式分析用地所占区位的空间结构，从而了解用地结构是否与需求结构相吻合，从而明确用地规划的功能要求与区位价值。

（2）用地结构分析图

用地周边土地使用关系的分析。对规划用地的相邻用地关系做出准确的判断，对周边的公共服务设施及其服务范围进行分析研究，从而对用地内设计任务的具体布局、建筑形态、空间关系等做出系统安排与正确响应。

（3）道路交通分析图

清晰呈现项目用地周边的城市路网、道路等级的清晰结构，能够对用地的规划设计条件做出准确的理解和响应。对用地的主次出入口方位、停车设施的布置、道路设置等内容做出科学的安排与问题分析。

（4）景观环境分析图

对项目用地周边的景观环境进行分析，形成用地内外的空间联系与景观渗透关系。

（5）用地权属分析图

对用地权属和建设时序等进行分析。

2）场地的现状分析

（1）自然特征分析图

对项目用地的物理环境的评估。例如，边界、尺寸、竖向、设施位置、地貌特征、河流水域、开放空间、工程地质条件等。现状的绿化环境等可以融入设计中去，强化建筑与自然环境的对话关系，以及对外环境设计的植物配置与景观特色塑造进行指引等。

（2）社会特征分析图

对项目用地社会特征的评估。例如，社会结构、居住人群、邻里关系、文化保护等，发现建设环境中的具体问题，在未来的设计中，找到恰当的解决方案，有针对性地解决问题。

（3）建设条件分析图

结合建筑设计任务对场地设计环境特征的具体分析，能够帮助建筑师确定建筑物的位置、朝向、间距、形式以及不同场地空间的差异性和重要性，这些环境响应也会影响建筑材料、建筑结构和“因地制宜”的微气候营造等设计内容。

需要指出的是，在针对具体项目的现状分析中，需要建筑师根据具体场地环境和设计目标提出分析内容，并不局限于上述内容。

4.3.3　形态要素的设计组织

建筑创作的核心问题是建筑形式的表达问题，同时，技术和艺术是一个有机整体，设计将结构和形式的关系紧密地联系到一起。设计作为一种创造，需要用创新去诠释。在建筑设计时，熟练处理功能、结构、形式的有机统一是建筑学专业学习的核心。

1. 形态构思

（1）传统建筑结构与形式的一体化表达

自古以来，建筑师非常重视建筑的结构形式，因为建筑的不同结构体现了建筑不同的空间，表现出了不同的形式。在建筑史的大部分时期中，结构体系对建筑形式有着决定性的影响，人们只是对结构体系进行装饰来体现建筑形式。例如，古希腊的柱式既是结构构件，同时也具有装饰性的表达；又如，古罗马的穹隆结构和拱券结构使人们获取了更大的室内空间，同时，其对形态的追求与装饰性的表达也展现出了一种庄严、博大、宏伟的建筑形象；再如，哥特式的结构性装饰风格，垂直向上的线条、尖拱与高塔的配合，飞扶壁的使用等进一步强化了哥特式建筑的风格特征。此外，古代中国木构架建筑的主要结构部分大木作由柱、梁、枋、檩等组成，同时又是木建筑比例尺度和形体外观的重要决定因素。可以说，传统建筑的结构性形态是结构与形式的完美结合，具有清晰的形象特征。

（2）现代建筑要素与构件的标准化组织

技术的进步、新材料的出现，对于建筑的发展起着巨大的推动作用，促进了现代建筑的出现。与传统建筑建筑结构与形式的一体化表达不同，在现代建筑中，建筑结构与表现形式呈现出非契合关系。当建筑师摆脱了砖石材料对建筑支撑的束缚，新的结构技术解放了建筑材料的表现性，建筑的形态构造分成了承重结构和围护结构两个部分。进而，现代建筑突破了传统建筑结构的限制，形式更加灵活，空间更加自由。形态设计之初，对于建筑整体形态体量关系的推敲，以及确定空间实现的结构形式是关键。

为顺应工业化生产的要求，标准化、模块化设计是现代建筑设计的典型特征。例如，现代建筑的装配式建造是以工业化生产为基础，将工厂预制建筑部件运往现场组装的建造方式。装配式建筑主要包括预制装配式混凝土结构、钢结构、现代木结构建筑等，采用标准化设计、工厂化生产、装配化施工、信息化管理、智能化应用，这是现代建筑工业化生产方式的代表。可见，现代建筑的发展从经济性和实用性出发，弱化了传统建筑“装饰”的主导作用，建筑设计更加注重基本构成要素的组织。

（3）非线性建筑形态的参数化实现

非线性建筑探索是20世纪60年代发生的非线性科学理论（即复杂科学理论）在建筑设计上的反映。到了90年代末，这种科学的建筑设计方法因计算机技术的发展迅速地在世界各地蔓延。由于非线性空间形态从造型到构造用传统手段难以完成设计、优化和输出，因此非线性建筑形态需要引入参数化手段，应用一系列逻辑强烈的数学方式对建筑加以描述并确定其形态。从数学的角度而言，几何图形属于线性图形，传统建筑采用直线，圆、椭圆、抛物线、正余弦曲线等可用几何描述的图形，属于线性造型。而非线性造型与之相对，用线性数学公式无法简单描述的图形属于非线性图形，如各种复杂的非线性无理化曲线等，这些图形构成的三维造型可称为非线性造型。

2. 空间分割

外部空间分割：建筑师要根据场地条件选择合适的空间关系进行设计，并能够灵活处理空间的形式、布局、体量及与环境的关系等。进行空间分割时有些重要的限定条件需要一并考虑，例如，建筑的主立面、建筑的出入口、场地的出入口、体块的分割及其关系的组织（轴线、界面、时序关系等）。

内部空间分割：在完成了整体形态构思后，就要从建筑内部空间入手，进行内部空间分割。内部空间分割与外部形态构思相辅相成，现代建筑的设计组织有较为成熟的方法逻辑。可将现代建筑的设计组织分为建筑要素—建筑部件—构图组织三个层级。

（1）要素、部件的模数化构成

理解建筑模数。建筑设计中，为了实现建筑工业化大规模生产，使不同材料、不同形式和不同制造方法的建筑构配件、组合件具有一定的通用性和互换性，需要设定协调建筑尺度的增值单位。建筑模数是指选定的尺寸单位，作为尺度协调中的增值单位，也是建筑设计、建筑施工、建筑材料与制品、建筑设备、建筑组合件等各部门进行尺度协调的基础，其目的是使构配件安装吻合，并有互换性。我国建筑设计和施工中，必须遵循《建筑模数协调标准》GB/T 50002—2013。

（2）要素、部件的空间分割

理解设计组织主要是指通过将建筑要素与建筑部件作为操作对象进行几何构图的空间设计。要素（elements）对应墙体、梁柱、楼板和拱顶等。建筑部件（parts of building）直接对应于具体的构图操作，部件包括门廊、门厅、楼梯、各类房间等。建筑部件更多是指具体的功能房间，这些功能房间本质是指不同的功能单元。建筑设计要根据具体的功能差异，采取不同的组织排布方式，形成要素与部件的空间构成。因此，建筑构成要素的空间组织及其构成逻辑分析是最易把握的设计分析方式，也是设计生成的基本逻辑。

（3）从要素到整体的构图组织

构图组织（composition）是从交叉的轴线网络秩序开始，建筑的几何形式轮廓依据网格的点与线得以确立，伴随着网格进一步的设计完善，用墙体与柱子要素替代网格中的点与线，之后再配置细化门厅、台阶、房间等建筑部件，从大到小逐步完善细节生成完整的建筑平面，再根据平面绘制立面和剖面。构图组织是采用由下至上、从“要素”到“整体”的正向构图组织。在设计分析中，可以通过功能分区、空间组合分析、形态生成演化等方式叙述构图组织的空间构成逻辑。

总之，对设计过程构图组织的学习方式有利于初学者对建筑各要素组合及其整体形态生成的感性认知，学生通过三到五年专业化学习能够快速从基本的构图造型阶段过渡到创造性形态的自由表达阶段。

4.4 空间之体单元任务

4.4.1 单元设定

单元设定：雨生百谷——概念的物化。

“雨生百谷”——雨润无声，雨如感性、想象的思维，谷为理性、自然的造物，亦指黑箱作业的思维方式。

（1）情境融入

本单元设计单一空间功能的集装箱装置建筑——环境中的集装箱改造。集装箱装置建筑是临时的、可移动的，同时，集装箱装置建筑的设计需要考虑到特定的场所环境及具体功能的使用需求。

本单元的环境关联结合中国传统节气的情境设定，从而形成设计主体对虚拟环境的设计响应。任务设定中，集装箱装置建筑的生成情境设定了两个方面的思路，第一，田间民宿设计（田间休憩、乡村旅游民宿功能）；第二，宿舍空间设计，假定与位于理想校园环境中的集装箱装置组合。

（2）调查研究

在本单元的学习中，尝试通过简单的调查研究形成对特定群体居住行为需求的意向调研，并以此分析结果来优化设计策略。调查研究采用小组工作方式，通过对身边的同学、朋友、家人等对真实居住的使用需求进行意向调查，进而形成问题导向式的设计解决方案。过程包括：

①提出问题。预设问题，通过调研观察识别问题。

②归纳分析。即对调查结果进行统计分析。

③解决问题。提出对策，形成将实际需求转化为空间 / 形态的设计响应。

最终，形成“观察—发现—分析—解决”的问题导向式思考习惯与需求导向式设计逻辑。

（3）概念生成

我们通常通过建立设计概念并指导具体设计的生成。设计概念属于一种思维原型，是设计的最初状态，也可理解为一种设计目标。设计概念的生成与建筑师的主观意识及设计环境相关。设计讲求主体创造的情感基础，强调在设计中人的主体地位和自我意识的觉醒。

设计概念的建立通过节气情境的设定，结合具体功能的使用需求出发，从而激发设计主体的感性创造活动。装置建筑的使用功能要与使用对象、物理环境、行为需求等分析要素紧密结合，针对装置建筑的采光、通风、开窗、功能、形式、尺度等方面提出具体设计考量。

（4）设计创造

单一空间概念设计的训练重点为体块构成、功能分区、人体尺度等。设计创造中建筑模型的制作是建筑类专业一项重要的基础技能。模型制作的过程体现了设计生成的本质，即建筑设计就是将头脑中的构思具化为可视实物的过程。设计过程要通过概念模型反复推敲，概念模型是开启设计创造的工作草模，通过概念模型可以在设计过程中阐述或提炼某个想法，还可以作为实体的效果图体验推敲实际效果。概念模型在初学阶段辅助空间想象中发挥着重要的作用，能够很好地提高学生感性思维的形态创造能力。通过设计过程的不断重复、完善与深化，从而逐渐明确最终决定的形态。

4.4.2 理解重点

（1）理解建筑创作“生于艺而成于境，重在人而基于居”

设计情境的设定帮助学生们初次思考建筑的目的。任务设置中并不涉及真实的设计用地，只是提供一种情境化的意境体验，满足临时性、可移动的装置建筑的设计要求。通过节气的使用情境设定，理解建筑的功能源于人们生活习惯、使用方式的需求——“生于艺而成于境，重在人而基于居”。

（2）理解人们行为作息方式对建筑物理环境设计的要求

建筑的物理环境也与人们长期以来的作息方式、行为习俗息息相关。例如，田间民宿设计可融入某些生活作息方式的考量。谷雨后降雨增多，浮萍开始生长，人们开始播种，传说喝谷雨这天的茶有清火、辟邪、明目等功效，同时，集装箱装置既可遮阳、避雨、防风，又拥有充足的自然采光及通风环境。

（3）理解单一空间的复合功能设计及与人体尺度的关系

单一空间的功能设计和人体尺度关系是设计表达的重点。设计要求在具体空间中考虑人的使用和感受，注意人的活动能力和极限尺度，同时考虑光线、视线的处理。此外，除了图纸的表达，还要通过模型来表达空间功能与人体尺度。模型制作要求为缩小比例的手工模型，采用易加工的材料完成模型制作。

4.4.3 单元目标

1. 知识目标

（1）理解设计作为感性和理性相结合的“双性”思维方式；

（2）初步掌握建筑不同空间维度及其与设计的属性关系。

2. 能力目标

（1）初步形成从设计概念到物化生成的二维、三维空间转化能力；

（2）初步响应人们行为作息方式与建筑物理环境设计的关联要求；

（3）初步尝试单一空间的复合功能组织及其人体尺度的空间设计。

3. 素养目标

（1）培养学生热爱本职工作，有责任感和使命感，愿意为所在领域的发展贡献自己的力量；

（2）培养学生积极进取、勇于创新、善于学习、沟通合作，具备良好的职业素养和道德品质。

4.4.4 单元模块的设计

1. 作业内容

集装箱装置的空间改造设计。

（1）单一空间装置建筑设计。完成平、立、剖面图，轴测图（或透视图），工具制图及手绘图各一套。图纸中表达出调研统计的结果分析，以及概念生成的逻辑推演。

（2）1∶50 模型制作。采用白卡纸素模表现。

2. 作业要求

（1）功能与技术要求

单一空间的功能设计的基本尺寸为 6058mm × 2438mm × 2590mm（外轮廓尺寸）。

①田间居屋设计

功能上，田间居屋设计的基本功能满足起居、休憩、娱乐、就餐、饮茶、赏景等。

②宿舍空间改造

功能上，宿舍空间设计满足起居、学习、娱乐、就餐、会客等。

箱体材料为 100cm 的复合保温刚性板，不再另行考虑结构和保温问题，其他建造材料为玻璃、钢等。

（2）主要分析图参考（可根据需要进行选择性分析）

①功能分区与空间使用分析

②人流路线与安全疏散分析

③人体尺度与家具布置分析

④天然采光与通风示意分析

⑤装置形态表达

（3）空间限定的分析

①空间的组织

限定空间要从两个方向进行，一是垂直方向，二是水平方向。垂直方向的墙体围合限定了空间，水平方向需要考虑底面和顶面，底面是功能的水平组织，顶面是建筑的屋顶（第五面）。水平底面体现功能分区与流线组织，垂直方向结合竖向交通与垂直功能设置。

②人体尺度的限定

通过人体行为模型参考并标定空间尺寸，了解一些人体活动的极限尺寸数据，熟悉这些数据对今后的学习是大有裨益的。

③行为空间的限定

通过功能分区和家具布置分析限定行为空间。在水平方向的空间限定中，不一定完全借助实体要素进行空间限定，平面的铺装变化、家具的摆放、活动的空间等都可能形成一定的空间限定。例如，沙发的摆放限定了休息与交流的空间范围，书桌的摆放限定了学习空间的位置，地毯的放置限定了其上的活动空间场地（图 4-9）。

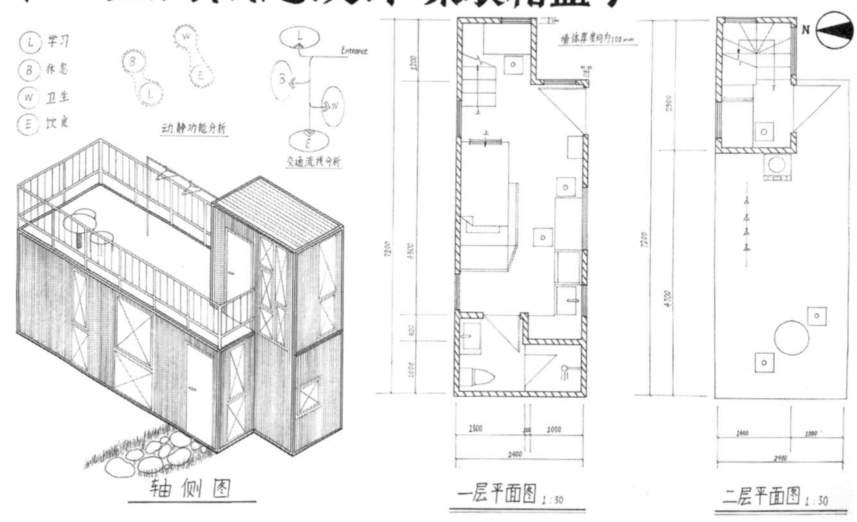

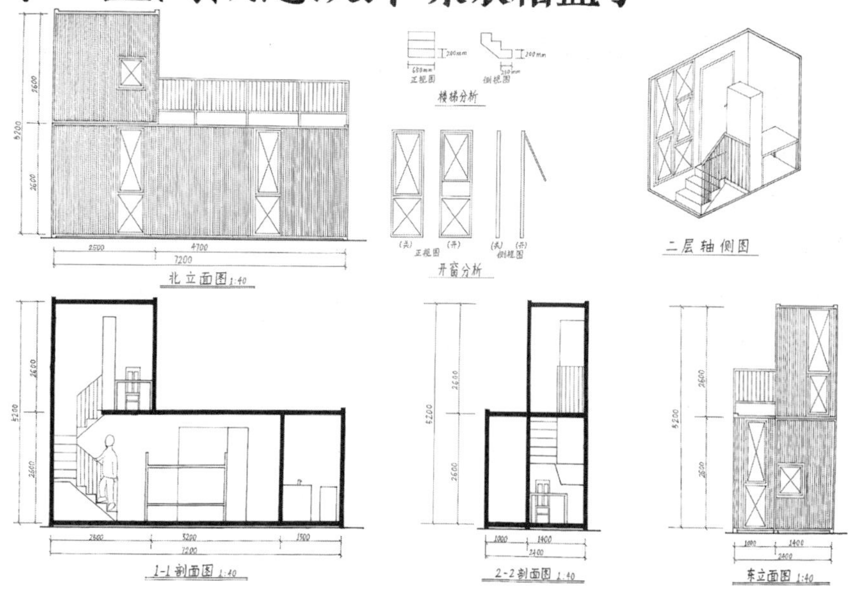

图 4-9　单一空间概念设计学生作业

（图片来源：东北大学江河建筑学院建筑类 2022 级曹智原）

第五章　物态抽象：秩序的演化

构成与建筑都是三维空间的艺术形式，如果把建筑当作构成来看待，那么建筑应具有构成的形式法则、艺术美感，建筑设计也必然运用到很多构成原理。

5.1　构成的秩序

“构成”主要包括平面构成、立体构成和色彩构成三大部分。“构成”的学习旨在理解设计中的点、线、面、体、色彩、肌理、形体组合等形态规律。

平面构成主要是对点、线、面要素的构成规律以及基本形与骨骼的运用手法的研究。平面构成注重训练学生的形式抽象能力、点线面要素的综合运用能力和形式美法则的灵活运用能力等。

立体构成是在三维的空间中把具有三维形态的要素，按照形式美的构成原理进行组合与构造，从而创造出符合设计意图的、具有一定美感的、具有创新意识的三维形态的过程。立体构成训练除了注重平面构成的基本能力外，还注重学生的形式抽象思维能力、空间立体思维能力和手工造型制作能力等。

色彩构成，即色彩的相互作用，是从人对色彩的知觉和心理效果出发，用科 学分析的方法，把复杂的色彩现象还原为基本要素，利用色彩在空间、量与质上的可变幻性，按照一定的规律去组合各构成之间的相互关系，再创造出新的色彩效果的过程。色彩构成训练注重色彩的构成思维与色彩综合运用能力等。

5.1.1 构成的演化

构成的观念最早来源于绘画。西方绘画早期发展是比较写实的，我们可称为古典主义或学院派。在14~16世纪文艺复兴时期，画家们逐渐摆脱中世纪宗教的束缚，开始关注现实世界和人自身，研究现实世界的色彩关系，绘画模仿和再现自然的色彩体系。18世纪，写实的洛可可绘画细腻到了极致，新古典主义的画风更加理性、严谨、细腻，质朴有力，如同史诗一样。19世纪后期，“印象派”大师莫奈开拓了“印象派”风格，由于受19世纪光学研究成果的启发，画家的色彩观念发生了极大的变化，绘画作品色彩丰富艳丽，充满空气感和光感。从莫奈开始，西方绘画进入了比较新的发展时期。

爱德华·马奈将古典的、田园式的题材转译成了当代的表达。《草地上的午餐》彻底改变了绘画的方式，在绘画技法上摒弃了以往在室内固定光源下绘制的具有明显体积关系的画法，而是将人物处在自然光线的散光下，并且把人物加以剪影似的处理而不是作为实在的体积来塑造。这就倾向于瓦解空间，压平块面，从而肯定画布作为二维平面的本质。马奈对光和色彩的处理开启了一个新方向，他追求的是更加纯粹的光影效果以及画面的戏剧性。马奈采用了新的技术并将来自于当代生活的主题融入他的传统绘画。他弱化了客观物象的细节与轮廓，用大面积的鲜艳颜色来营造画面，这对于后来的印象派产生了极大的影响。

受到早期印象派画家影响的有很多，他们意识到有很多未知的领域需要进行探索，毕加索便是其中之一。毕加索是现代艺术的创始人，他的绘画不再是一板一眼或客观还原某些事物，而是强调作品要抒发自我感受和主观情感。他在1907年创作的《亚威农少女》是被认为有立体主义倾向的作品，标志着立体主义运动的诞生。通过色彩平涂的手法把几种几何形的表面结合起来，构成想象的立体形，既有描绘的随意性，又有精心结构的秩序感。立体主义以几何学的分析方法，通过打破分解并经过主观组合、凝聚，在单一的平面上表现物象。这种突破性的立体派绘画很大程度影响了现代设计的创作方式。俄国构成主义从立体主义绘画的拼贴艺术中得到启发，但彻底脱离了立体主义绘画再现物象的痕迹，他们用线条、颜色、抽象的绘画，以及金属、玻璃、木块、纸板或塑料等综合材料组构结合成雕塑，试图创造出一种纯粹或者绝对的形式艺术。

如果说古典主义的绘画是为了再现现实和某些宗教场景的话，那么到了构成主义的时候，绘画的功能已经从再现现实到了再现艺术家内心的一种工具了。在构成主义发展的后期，有些技法已被运用到实用性的领域，与今天的平面设计比较接近了，都是点线面的排列组合，但那时并没有平面设计的说法。例如，荷兰的蒙德里安，他的创作被称为是“新造型主义”，也称“风格派”。荷兰风格派运动主张纯抽象，将形式缩减为简单的几何形状，且只使用红黄蓝三原色和黑白两色，这种构图元素和风格对当时的建筑、家具、装饰艺术以及印刷业等都有一定影响。蒙德里安认为，艺术是一种净化，只有用抽象的形式，才能获得人类共同的精神表现。

从毕加索的立体主义绘画到构成主义的尝试，再到蒙德里安的“风格派”作品，我们隐约可以看到有一个特别的分支在从绘画向设计靠拢，有着平面构成的影子。然而，真正把平面构成、色彩构成、立体构成作为一种基础理论发扬光大的是德国的包豪斯学院（以下简称“包豪斯”）。从 1919 年创立到 1933 年停办，包豪斯非常强调以人为本的创作理念，无论是工业设计还是建筑设计，从非常注重艺术感的方向慢慢调整到注重实用性的方向，并实现了艺术与工业的融合。包豪斯强调培养学生实际动手能力，在构成学框架内确定这些目的和任务。平面构成和立体构成的纯艺术训练形成了造型基础，包豪斯的构成也体现出荷兰风格派的主张，“一切作品尽量简化为最简单的几何图形……并掌握其规律、原理，进而通过不同的设计将其体现出来”。

平面构成是视觉元素在二维平面上，按照美学的力学原理，进行编排和组合。它以理性和逻辑推理来创造形象，研究形象与形象之间的排列方法，是理性与感性相结合的产物。平面构成不是以表现具体的物象为目的，而是反映自然界变化的规律性。平面构成采取数量的等级增长、位置的远近聚散、方向的正反转折等变化手法，并在结构上整体或局部地运用重复、渐变、放射等方法进行分解组合，构成有组织有秩序的运用，从而产生如紧张、松弛、平静、刺激等视觉语言。从平面构成到立体构成，要完成空间上的转换，立体构成是平面构成、色彩构成的延伸，平面构成中的重复、渐变，以及色彩构成中的色彩关系都可以运用到立体构成中。

5.1.2 造型的要素

1. 点要素

点在几何学上只代表位置，没有长度、宽度和厚度。在立体构成中，不可能真正存在几何学意义上的点，而是一种相对较小的视觉单位。点要素具有很强的视觉集聚作用和节奏感、运动感。在造型中，点的不同排列方式可以产生不同的力量感和空间感。同其他形态要素相比，点具有凝聚视线和表达空间位置的特性。点的有序排列会产生连续或间断的节奏和线性扩散的效果；点与点之间距离的变化会产生集聚和分离的效果；点在空间的位置可以引起视知觉稳定的集中注意；点在空间中渐进的变化会产生由弱到强的运动感、深远感，能加强空间的变化。点在空间中无法独立存在，需要具有一定的支撑结构或连接方式。

2. 线要素

线具有鲜明的方向性和流动感，通过线群的密集可表现出面的效果，再利用面加以包围可形成立体形态。线的构成包括软性线材的线织面构成，以及硬性或半硬质线材的垒积构造、线框构造、线层构造。垒积构造是将硬性线材按照一定造型规律垒置、堆积而形成的立体构造；线框构造是利用硬性的线材按照造型规律结合成为框架，并以此为单片组织连接织成立体形态；线层构造是利用软性的线材作为移动的直母线，沿着以硬性线材连接的刚性骨架为导线移动而产生的空间线层立体。

3. 面要素

面材的构成指板材的组合，面是以长和宽为特征，具有平整性和延伸性。面包括平面和曲面，在质感上包括硬质的、软质的、透明的、肌理的等。面材构成的空间立体造型，较线材有更大的灵活性，功能也更强。它可以在二维的基础上，增加一个深度空间，便可形成类似浮雕的立体造型，就是前文提到的半立体构成。半立体构成采用的方法一般是对平面材料进行卷曲、折叠、切刻等。立体构成中，面材构成可以通过立体插接构成、层面排列等多种构成形式。插接构成是将面材切割后接插在一起；层面排列是指若干直面或曲面在同一平面上进行各种有秩序的连续排列、组合而形成立体形态的一种空间构成方法。

4. 体要素

块材是立体造型最基本的表现形式，它是具有长、宽、高三维空间的封闭实体，包括规则、合理、逻辑的几何形，柔和、自然的有机形。块材具有连续的表面，可以表现出很强的体量感。块材的基本构成形式主要是分割和积聚，在实际的创作中常以这两种形式组合，从而追求形体的虚实形态变化。分割是减法创造，积聚是加法创造。减法创造是通过对原形体进行切削、分割和重组等手段创造出新形态。加法创造是通过多个形体相结合，创造出较为复杂的新形态。积聚构成首先要有用以积聚的立体单位，其次要有积聚的空间场所。积聚的实质是量的“增”，它主要包括单位形体相同的重复组合和单位形体不同的变化组合两种。相同单元组合注重推敲其整体轮廓、重心、空隙、层次和运用形式等。不同单体组合是进行对称或非对称的均衡组合，用组合体的穿插、叠加等形式在对比和协调中求得统一。

最后，立体构成必须比平面构成更注意结构上的问题。立体构成是用厚度来塑造形态，它是制作出来的，离不开材料、工艺、力学、美学，是艺术与科学相结合的体现。

5. 色彩要素

色彩是艺术和设计中最生动的元素。就其本质而言，色彩能够吸引我们的注意力，激发我们的情感。人的情绪和性格可以通过色彩来感知。古希腊哲学家认为颜色不是一种物质状态，而是一种精神状态。一个物体的颜色由它反射的光的波长所决定。生物学家解释说这种反射光会通过神经信号传达给大脑，被我们理解为色彩。

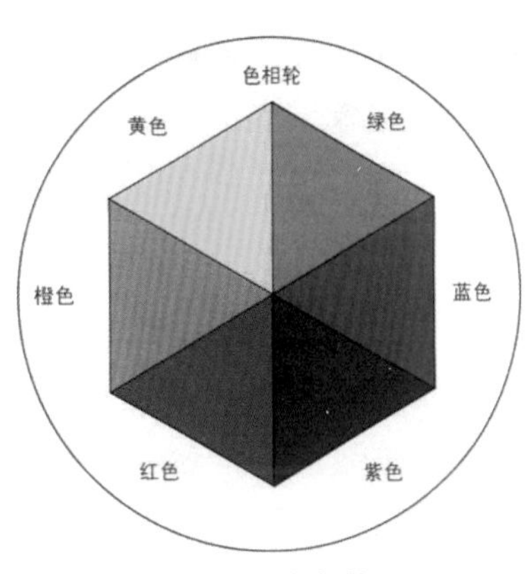

图 5-1　色相轮

色彩的三原色是红、黄、蓝，临近颜色的混合形成间色，间色与对应的原色形成补色的关系（图 5-1）。颜色的混合是越混越暗，光的混合是越混越亮。

色彩有色相、明度、纯度三种属性。通过对三种属性的控制，可以实现丰富的色彩视觉效果。色相是区别颜色的基本属性，也是组成画面的重要因素。明度是指颜色具有的相对明暗程度，同一种颜色会有不同的明度变化，浅的颜色就属于高明度，暗的颜色则明度较低。纯度也称饱和度，没有经过混合的颜色，更加接近原色的颜色，就属于高纯度颜色。因此，一个看似柔和的颜色，无论它的明度如何，都属于低纯度颜色。

5.1.3 物态的抽象

1. 平面构成

平面构成利用图形体现空间，抽象表现涵盖了大量的专业知识，既要求学生能够对画面进行整体把控以及重新建立色彩关系，又要求将空间与平面进行互置推理，形成空间新的秩序关系。英国艺术批评家赫伯特·里德（Herbert Read）曾说："整个现代艺术史是一部关于世界视觉方式的历史，关于人类观看世界所采用的各种不同方法的历史。天真的人也许会反对说，观察世界只能有一种方法——即天生的直观方法。然而这并不正确。我们观看我们学会观看的，而观看只是一种习惯，是一切可见事物的部分选择，而且是对其他事物的偏颇概括。我们观看我们所要看的东西，我们所要看的东西并不决定于固定不移的光学规律，也不决定于适应生存的本能，而决定于发现或构造一个可信的世界愿望。我们所见必须加工成为现实。艺术就是这样成为现实的构造。"现代艺术放弃了对客观事物的描摹，转化成对事物内在的主观感受与对于事物抽象的表达。绘画形式也从真实的再现中解放出来，绘画转化为一种导向内心观察世界的思考和创意过程。感知周边的事物景物，从离我们最近的事物出发，观察、拍摄、取材分析，通过对抽象绘画的理解，组织自己的语言，对图片进行基本元素的提取、概括，用绘画语言创作一幅抽象作品，再根据图片的色彩关系，完成色彩的组建与构成，从而形成对于平面构成课程体系的重塑。本课程提供了不同视角的观察实验，通过课程的学习，学生能掌握一种基本的对于客观事物的敏感性观察方式，并能辨认周围一切可以看到或触碰到的事物，运用自身的感受力，理解并领会其内在的形式，从中抽离最本质的线性表达、体块关系、色彩运用，并完整地描述出来。我们的目的并不是抽象描绘的本身，而是学会构建视觉语言的符号，从中体会建筑设计之构成要素，从而培养出独立观察事物的能力，以及能够自由运用视觉语言的能力。

（1）具象到抽象

将图片中的物象进行简化，抽离出最小的单元元素，再以图片原型作为参考载体，通过重组、再塑，构建起新形式的逻辑关系。先完成素描关系的建立，再依托原有图片的色彩或是重新组建色彩关系，形成具有抽象形态的、平面构成因素的画面效果。这个课程主要考查学生的抽象概括以及空间逻辑思维能力。抽象绘画是二维的，它是通过图形的叠加、组合方式来实现浅空间的表达与诠释；建筑空间是三维的，是将其通过视觉在空间中形成的透视关系来传达再现。抽象绘画是让观者产生一种空间联想，利用设计构成的手法引导观者构思、寻找隐藏在图像下的一个新空间。

（2）图形与空间

利用图形体现空间，通常是利用物象透视的原理，根据图像中的明暗、色彩对比、物象远近等关系来获得立体的、有深度的空间感受。从具象图形中寻找不确定的几何形和色块，更加理性地将基础元素从中分离出来，形成点、线、面以及色彩的关系，来创造空间表现的新形式。

（3）情感语言

从具体中抽离符号，并不是静态的、单纯的体现，它是将色彩与线条，在画面中建立一整套的精神逻辑体系，从而形成独特的语言方式。作品从原图片上看，很难找到原来物象的痕迹，似乎从一开始，作者就有了自己想要表达的语言。所以在整个抽离的过程中，让人感受到了轻松、自在的情感。它像是一首歌、一个乐谱一样，展示着它想说出的话（图 5-2、图 5-3）。

2. 立体构成

立体构成的基本原理是从自然界无可限量的物态素材中，通过人的创造力，基于美学构成原则构造而成的。我们会发现无论自然界的有机形态呈现的物象如何不同，其结构都是由一些相同且小的结构单位按照一定的组合规律形成。

图 5-2　物态抽象平面构成学生作业一

（图片来源：东北大学江河建筑学院建筑类 2020 级杨金睿）

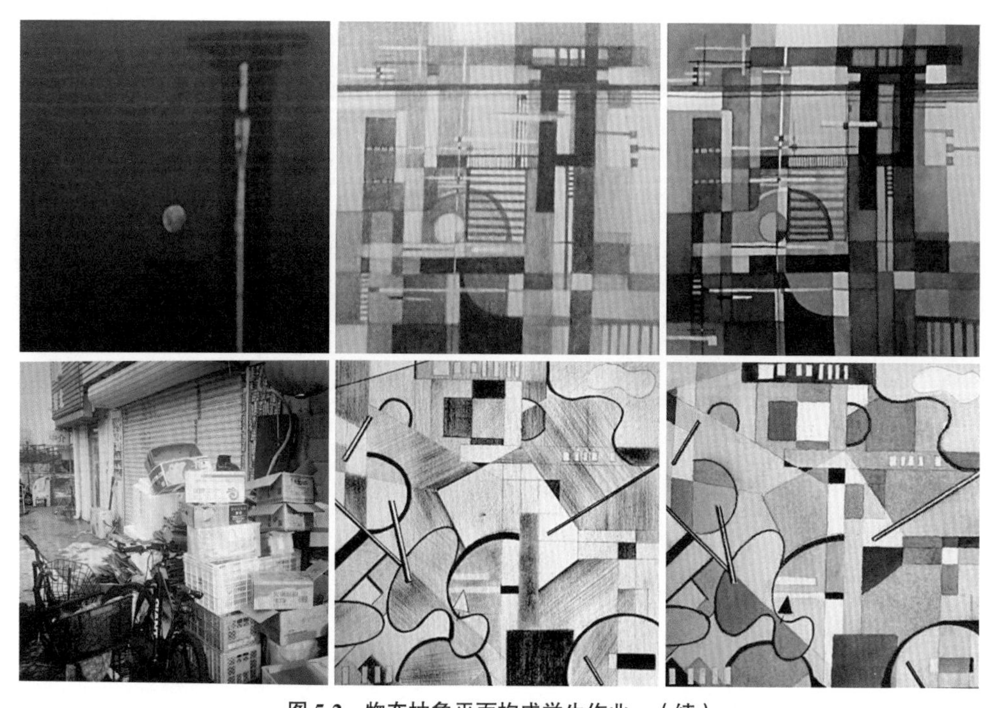

图 5-2　物态抽象平面构成学生作业一（续）

（图片来源：东北大学江河建筑学院建筑类 2020 级杨金睿）

图 5-3　物态抽象平面构成学生作业二

（图片来源：东北大学江河建筑学院建筑类 2018 级史景瑶）

图 5-4　树形的立体构成——分形形态（左）立体构成的树形态衍生（右）

这些小的结构单位本身具有明确的图形暗示，能启发我们的想象，例如，树木生长的形态，初期的树枝形态和成长后的分枝形态具有自相似性，形成分形形态（图 5-4）。在立体构成中，这些构成方法具有被其他性质的结构单位替换的可能性，同时还有按照新的组合系统重聚的潜在契机，进而我们能够通过设计加工从而生成不同的形态构成结果。

立体构成的方法就是利用上述原理，通过观察感悟、寻找规律、订立规则，再进行形态创造。同时，立体构成与现实生活是有联系的，能够体现出一定的节奏和情绪。立体构成的目的在于培养抽象能力，在学习中可以通过对最纯粹的几何形态形成各要素间的构成关系，从而强化自身的抽象表达能力。格式塔心理美学的代表人物鲁道夫·阿恩海姆在谈论对某一事物抽象形式时提出两个重要方法：一是把握某类事物的最重要性质；二是构造出它的动态形式，以达到对其总体结构状态的把握。

构成的方法需要依靠设计者的观察与抽象，是通过把握对象的形态特质来进行整体抽象形塑的过程。作品的总体形态要依靠最直观的表达及艺术处理，而微观的要素形态则更需要思维的加工与演绎。此外，总体形态的生成需要明确结构单位的组合规律最终完成总体构建。从最小结构单位的形式组合来看，立体构成中的形态元素可分为空间线条、三维面、几何形体、有机形体等四个部分。其中，组合方式可分为线条的组合、三维面的组合、几何形体的组合、有机形体的组合，以及多种元素的混合组合等。总之，我们必须认识这些基本造型元素，熟练运用这些元素的组合规律，并具备重点训练把握这些元素组合规律的能力。

5.2 形式的转换

“形式的秩序”是建筑师几千年来不断追求的美的表达式。关于建筑空间构成（即建筑空间的组合关系）与艺术构成的不同可以从两方面来理解，其一，建筑空间构成源于“实体”材料对自然空间的“限定”；其二，建筑空间包括了“功能”和“形式”两大领域。

彭一刚在《建筑空间组合论》中指出，建筑空间的组合，实质上是“功能空间”的组合，蕴含着一定的逻辑关系：“功能”和“形式”涉及内部空间、外部体形及群体组合等方面形式美学规律的运用，“功能”与“形式”的统一也是内部空间和外部形态的统一。

本单元从构成形态到建筑形态建立形态秩序的相关性联系，并通过建筑化的空间构成训练建立学生对形式秩序的理性认知能力。人们对于建筑“功能”的认知从内部空间开始，对于“形式”的认知从外部空间开始。鉴于此，本单元的练习首先借助板片要素，观察板片要素对空间切割划分的“内部体验”。

本单元注重通过构成要素的实际操作使学生的形态敏感性得到快速提升，并有助于形成从空间构成到建筑形态创造的深刻理解。在这个过程中，我们需要深入理解立体构成的基本规律，运用构成的基本原理和方法，通过对形态要素的实际操作开展造型训练。

5.2.1 构成与建筑

形式秩序一是来自基本几何，二是来自自然的衍生。建筑的形态构成与空间抽象构成的形态秩序有着强相关性联系，与此同时，建筑兼顾了“功能”和“形式”的辩证统一，兼顾了使用活动和人体尺度。

1. 形式秩序源于基本几何与自然的衍生

我们理解空间构成是使用一定的材料，以视觉为基础，力学为依据，将造型要素按照一定的构成原则，组合成形体的构成方法。空间构成的方式对建筑空间创作的启示与形态衍生作用是非常明显的。关于形态的衍生，很多建筑师希望从自然中找到形式和秩序，伊东丰雄提出了“衍生的秩序”，认为秩序由自然而产生，让人们产生愉悦之情。建筑设计探讨从自然秩序几何到建筑的抽象几何产生连接——非常多的自然形态背后都有非常重要的结构性秩序，这就是“衍生的秩序”。我们也可以认为，建筑空间构成的基本构思来源于基本几何与自然形态。

2. 空间构成注重形式构建的方法脉络

空间构成是关于形式要素的组合，形式的生成创造要注重追求形式构建的方法脉络。所谓形式构建的方法脉络是指空间构成按照一定的组合规律形成，脉络源于创作者的思维组织，运用一定的构成方法构造而成。需要指出的是，这里所指的脉络并不是历史建筑或城市文化的传承关系，而是一种内在的谱系与机制关系，是一种内在的创作思维逻辑。构成的方法如同建筑师在进行设计创作时的思考方式，一边是感性的创作，一边是理性的思考——从而形成一种形式生成的方法脉络。

3. 建筑设计是一种创造形式秩序的行为

“建造什么样的空间”和“如何建造空间”是建筑学要研究的基本问题。一直以来，人类借助智慧和科学技术的发展，努力为空间的秩序建立清晰的形象。正如“住所”之所以被理解成“建筑”，因为它是“秩序的形式化”。这种形式整合了空间组合、结构体系，以及对环境的正确回应。同样，不同的建筑类型往往会形成特定类型的形式秩序。并且，这种美的形式通常来源于自然，自然的要素、自然的形式、自然的材料，甚至包括自然的地域化，也就是我们所说的建筑地域化、本土化——通过某种共同的设计原则而建造形成。

4. 建筑构成是形式与功能的互动与耦合①

形式与功能是一个相对的范畴。建筑形式是建筑材料与结构组合具有一定使用功能的外在表现，合理的功能需要一个“善”的形式，应该也必然是一个“美”的形式，或有用与美的特质结合统一的“真”的具体表现。同时，在一定程度上，建筑的形式与功能划分并无必然联系，功能的复杂也不等同于空间的丰富，而功能的单一也不等同于空间的单调。然而，建筑的形体比功能更具有永恒性，形体是建筑空间构成的外在表现，内在的功能使用必然需要外在的形式界面，而功能需求则是空间构成的内在目标。

① 耦合指两个或两个以上的体系或两种运动形式之间通过各种交互作用而彼此影响，从而联合起来产生增力，协同完成特定任务的现象。

5.2.2 空间的限定

立体构成所研究的空间是通过视觉限定从无限中分隔出的有限，所以分隔是空间形成的关键，通过分隔使空间有形化。由于人的空间知觉是视觉、听觉、嗅觉和触觉的综合感受，所以空间限定可以分为实体限定、光的限定、色彩限定、肌理限定、气味限定、声音限定等。本节主要介绍实体限定。

在立体构成的秩序衍生中我们了解到，建筑空间构成源于“实体”材料对自然空间的“限定”。这里，我们需要对建筑的空间限定进行深入理解。建筑的空间限定是由实在的限定要素：地面、四壁、顶部围合形成空间的方法。“建筑就是人们可以控制的对空间限定的组织形式”，空间可以由不同的建筑构成要素围合而成，满足使用要求，形成不同的空间变化与空间感受（图 5-5）。

图 5-5 建筑空间的限定

建筑的实质在于空间，空间感是由空间的具体形式所创造的，空间的特质就在于人的心理反应形成的空间感。这些感受是多样的、感性的，我们经常基于空间的感受去进行空间的创作，概念的物化、思维的表达等。某些特定空间所具有的空间感具有共性的审美体验，例如，秩序感、神圣感、神秘感、活泼感、庄严感、华丽感、科技感、连续性、仪式感等。

空间限定需要借助一些要素为媒介，这些要素也是空间的一部分，在其周围形成了一个受它影响的领域，一个空间场。通常来讲，空间是由点、线、面、体所占据、扩展或围合而成的三度虚体，具有形状、风格、大小、色彩、材料等视觉要素，以及位置、方向、均衡、对比、序列等关系要素。根据不同限定要素的不同限定方式，空间限定可形成不同强弱的限定程度。

空间限定的基本要素为体、面、线，即体块、板片、杆件；体块通过占据空间，板片通过分割空间，杆件通过调节空间实现空间限定。在所有限定空间的要素中，根据不同的方位可以分为地载、围闭、天覆。地面（地载）是建筑空间限定的基础要素，它以存在的周界限定出了一个空间的场；墙面（围闭）是建筑“实体”空间存在的限定要素，实现了对空间的明确分割；柱梁（围闭）等线性构件是建筑空间的虚拟限定要素，可以限定出立体的虚空间；顶棚（天覆）是建筑空间封闭（感）的限定要素，其要素的设置可以区别于真正意义的室内空间和室外空间。

1. 空间限定的方式

在建筑空间限定中，基于不同要素的限定特征，主要有七种基本方式，包括设立、围合、覆盖、抬起、下沉、架起、肌理变化等。

（1）设立

设立是一种以元素为中心的限定，是空间限定中最简单的形式。把限定的元素分布在空间当中，从而限定其周围的局部空间，即获得空间的占有，并对周围空间产生一种聚合力。但这种限定方式比较抽象，并没有将空间划分出来。设立可分为点设立和线设立，例如，园林中的小亭子可以看成是点设立，广场上有一定高度的纪念碑就是线设立。

（2）围合

围合是最为典型的空间分隔方式和限定方法，其空间限定性最强，全围合的状态比较封闭，具有包容感和居中感，空间私密性强。

（3）覆盖

覆盖就是顶棚的限定要素，上方支起一个顶盖使下部空间具有明显的使用价值，区别于真正意义的室内空间和室外空间。

（4）抬起

抬起就是将空间抬高区别于其他空间，把空间抬高可以起到强调的作用，还能很好地与其他空间区分开来。

（5）下沉

下沉空间是让某一局部低于周边区域，下沉与抬起相反，往往显得含蓄和安定。

（6）架起

架起和抬起不一样，架起的空间一般处于几乎完全悬浮的状态，这样的空间往往起到增加空间层次感的作用。

（7）肌理变化

肌理变化的限定手法同样是一种比较抽象的限定手法。肌理限定手法的限定性比较弱，这种似限定而又非限定的状态给空间带来了更多的可能性。

2. 空间关系与空间组织

由于空间的限定，形成了三种基本且重要的空间关系，即空间流通关系、空间共有关系、空间层次关系。我们先来理解空间限定度的概念。空间与空间连接部位的封闭程度称为空间的限定度，通常以高低、强弱表示。没有封闭的部分会形成一个虚面，虚面增大，流通感加强，限定度减弱；反之，限定度增强。

（1）空间流通关系

低限定度会产生空间的流通关系，在第二章线律基础的“2.1.1 构图”小节中我们曾经讲过，如果两个面没有延伸出去限定一个转角，那么就会产生一个空间的体积来代替转角，这个体积使内部空间露出来，把两个面清晰地表达为空间中的两个面，就形成了流动空间的概念。这就是空间限定的流通关系。

（2）空间共有关系

空间限定中的共有关系主要产生于空间的形态组合限定中，例如，形态的联合创造了共享的空间，形态的复叠形成了前后秩序的空间。形态的透叠产生了共有的灰色区域，空间含蓄而模棱两可，两个空间也形成完美连接。

（3）空间层次关系

空间的多次限定能够产生空间的层次关系，也叫空间的层次性。多次限定是指每个空间都是从上一个层次的空间中被限定出来，经过多次反复而形成的一组空间。这种形态造成了空间之间的层次关系，即空间中的空间。

由于空间的多层次限定，需要我们对多个空间进行关系组织、形态组合，称为空间的组织。空间的组织包括功能关系组织、交通流线组织、形态关系组织等。在以后的学习中将经常使用空间的限定、空间的组织等术语，用于建筑设计的构思与表达。

5.2.3 形式的创造

空间限定的形式是通过构成要素的不同搭建方式而成的。在建筑空间构成中，最基本要素为点、线、面、体、空间、色彩、肌理等，这些要素按照一定规律进行组合可产生各种形态表现形式。以中国传统的木构架建筑为例，传统木构建筑主要由三部分构成，即台基、木构架、屋顶。传统的木构架以榫卯结构搭建而成，这是中国古代建筑、家具及其他木制器械的主要结构方式，形成了独具特色的中国古建构成形态。可以说，榫卯构成是中国木工智慧的结晶，凝结着中华几千年传统建筑文化的精粹。总之，中国传统建筑的木构架构成形成了规范性的构成机制，诸多古建形式都是基于木构架的构成机制而逐渐演化生成的。

木构架作为一种结构形式，木材是其主要的承重材料。我们以木构架构成为例，来具体分析一下其所创造的形式空间。在我国传统木构建筑中，都是通过杆件构成的基本单元来形成整体形态的。木构架由杆件元素构成，这是一种常见的方式——以一定数量的杆件通过特定的连接方式形成一个结构和空间体[①]。例如，抬梁式木建筑的山墙面构架，我们可称之为“榀”，也是现代所称的一个房架为一榀，也作为基本的结构单元和空间围合单元。两个“榀”之间的空间尺度也是传统建筑极为重要的空间单元——“间”。抬梁式木建筑就是以“间”相隔，以“榀”为基本单元体，形成桁架结构的构成形态（图 5-6）。

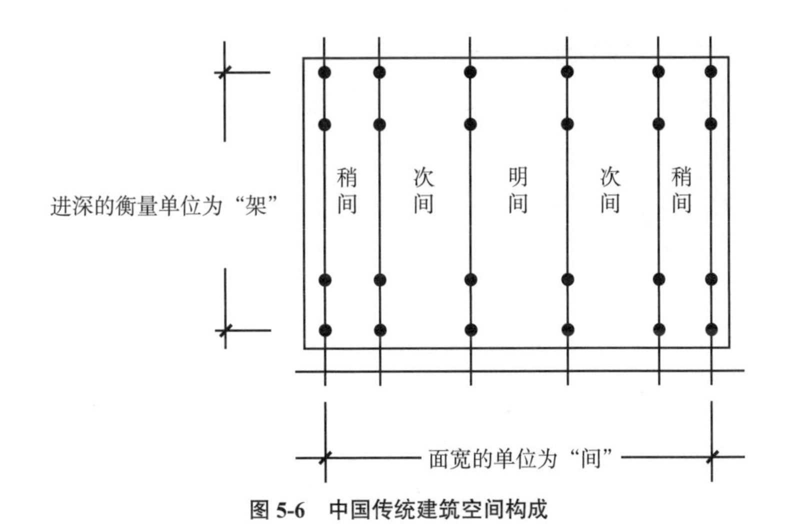

图 5-6　中国传统建筑空间构成

现代木构建筑中，结构形式更加灵活，也可形成框架结构作为基本单元的多向多维度的空间组合。框架结构通过水平或垂直方向的复制组合形成整体空间，整体形态出现了拼合的形态关系，例如云南腾冲贡山手工造纸博物馆。建筑的八座单体建筑都是木框架结构，其中七座为单个框架形成，各个框架之间通过构件相连，从整体形态上看，建筑既分开又聚合在一起，形成了一个有机的整体[②]（图 5-7）。

① 顾大庆，柏庭卫．空间、建构与设计 [M]. 北京：中国建筑工业出版社，2011.

② 陈荣．现代木构建筑形态构成与表现研究 [D]. 南京：南京工业大学，2014.

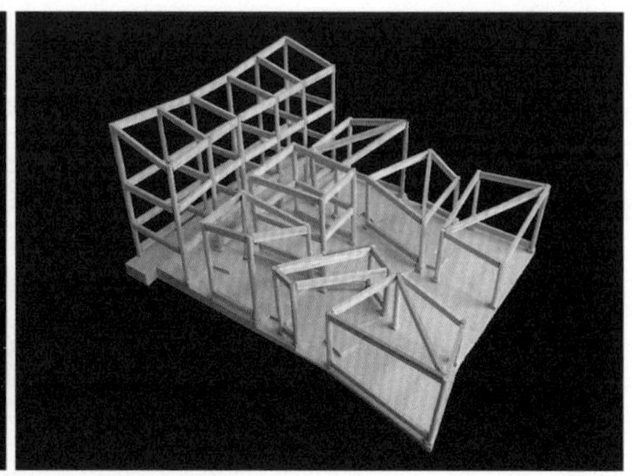

图 5-7　云南腾冲贡山手工造纸博物馆

（图片来源：华黎 . 云南腾冲贡山手工造纸博物馆 [J]. 时代建筑，2011（1）：88-95.）

建筑形式的创造与抽象的立体构成不同，建筑形式的创造生成意义，包括精神维度、文化维度、时间维度等。在精神维度，建筑空间是一种观念体，表达一种精神意识。同时，建筑形态不仅反映了自然层面的“物理”，也反映了社会层面的“伦理”。认识建筑“伦理”对于建筑的美学精神具有重要的影响。有些精神意识是很直接的感性表达，有些精神意识是通过隐性的、隐喻的方式表达。文化维度的限定则需要历史性、地域性的表达，历史上不同地域特色的建筑风格就是文化维度的最直接显示。建筑的时间维度与使用者的体验息息相关，建筑师在创作过程中对于建筑体验的营造也要结合时间之维，才能使人们真正领悟建筑的本质。时间是聚集着过去而且孕育着未来的现在式。在建筑设计时，将建筑视为生活时间的延伸，按照人们对时间的感知规律进行设计，通过动态感受来实现时间维度体验。同时，建筑空间的表达也可以是一种集体记忆的叙事或一种仪式感的事件叙事。

中国传统建筑形态受传统文化的影响，具有“礼法”的规范，体现在建筑的布局、形制、规格、材料、装饰等诸多方面。传统文化延展到土木营构上，便作为了政治、宗教、伦理、文化的象征。在空间意识、营造观念、平面布局以及立面造型等方面形成了不同的规格类型、礼法形制。例如，中国传统建筑的色彩伦理，《左传》里有“天有六气，发为五色”之说，于是红、黄、青（蓝绿）、白、黑五色被定为正色。随着历代历朝的色彩象征意义或帝王喜好的变更，五正色在各朝代也各有偏重。如秦朝继承了战国时的礼仪，但崇尚黑色，认为黑色象征“神秘肃穆”。秦后以黄为尊，《汉书》中说：“黄者，中之色，君之服也。”此后，黄色成为王室专用的观念逐渐产生，汉代盛行“黄生阴阳”的说法，隋唐则开始大量使用黄色琉璃瓦，此后，黄色琉璃瓦的使用成为皇家建筑的重要特征。

总之，立体构成和建筑形态都是三维空间里的艺术形式，立体构成形态具有知觉效应，而建筑构成形态则更具有符号效应。随着物质技术的发展和社会的进步，建筑文化逐渐发展成为不同时代独特的艺术语言载体，反映出一个时代、一个民族的审美追求。相对于建筑，空间构成强调了视觉形态要素，抽象性是空间构成的显著特征，对于空间构成而言具有积极意义。

5.3　形态的表现

形，物体外在的形式；态，依附于形，有形必有态，指可视化的外观情状和神态，也可理解为物体外观的表情因素。“形”是客观的、物质的、物化的；“态”是人性的、精神的、文化的。从构成到建筑，从组合、形式到意义的生成，这一形态概念的转变需要我们理解作为建筑不同于构成的意义——形成具有功能意向和形式美感的建筑形态。

5.3.1　要素的运用

1. 点要素的运用

在建筑中，线与线的交叉处、线的起点到终点、线段等分点、多边形的顶角等，都有点的存在。在形态构成中，点是一种表达空间位置的视觉单元，无论其大小、形状、厚度怎样，只要有对比，它都具有凝聚视线、表达空间位置的特性，形成最小的视觉单位时，我们就可以称其为“点”。

点要素具有很强的视觉引导作用。一个点标出了空间中的一个位置，它是静态的、无方向的、集中性的。当点处于环境中心时，它是稳定的、静止的，以其自身来组织围绕它的诸要素，并且控制着它所处的范围。

在建筑形态中，点是相对较小的元素，它与面的概念是相互比较而形成的。点最重要的功能就是表明位置和进行聚集而产生心理张力，起到引人注意、紧缩空间的作用。建筑“点”的排列与交错会产生限定感或分布感，产生节奏感和运动感，因此，由点产生特殊的肌理或变成工具进行限定，从而产生空间的深远感，能加强空间变化，起到扩大空间的效果。一些建筑作品通过灵活地运用点要素能够使建筑本身更加吸引人的注意力（图 5-8）。

图 5-8 建筑构件中由点构成的装饰线、装饰面——点要素

2. 线要素的运用

线是具有位置、方向和长度的一种几何体，在几何学中，线是由点的运动轨迹所形成的。点是自然静止的，而线在视觉上则能够表现出方向、运动、速度和生长。线由于其自身粗细、长短、疏密、曲折等的不同，给人以不同的心理感受，因此它们具有不同的性格特征，例如，具有空间感、轻快感。线可分为直线和曲线，根据直线方向的不同，又可分为垂直线、水平线和斜线三种，建筑形态中常用到的是垂直线和水平线。曲线则有平面曲线和空间曲线之分，又有规则曲线和不规则曲线之分，在现代制图技术和施工水平不断提高的今天，曲线也被广泛运用到建筑形态构成中。

在城市的场所环境中，独立的线要素——例如柱、方尖碑、塔等，在空间中设立起一个特定的点，通常具有纪念意义。线要素通常作为设立的空间限定要素，当“柱”处于环境中心时，它是稳定的、静止的，以其自身来组织围绕它的诸要素，并且控制着它所处的范围。当柱向中心偏移的时候，它所处的范围变得比较有动势，并开始争夺在视觉上的控制地位。两个柱可以用来指示一个门道，限定入口，并垂直于它的道路方向。三个及更多的柱可以限定空间体积的角，用以限定比较开敞的空间。一排柱子可以限定空间体积的边缘，同时又可以使空间及周围之间具有视觉和空间的连续性。线要素本身都不具备占有空间、表现形体的特性，但是，通过它们的弯折、集聚、组合，就会表现出面的特性。将这些面再次组合，就会形成空间立体造型（图 5-9 ~ 图 5-12）。

3. 面要素的运用

在几何学里，面是通过线的运动而构成，二维特征比较明显，具有一定的长度、宽度，无厚度，或侧面具有线要素特征。面是体的表面，具有方向感、轻薄感、延伸感。“点”强调位置关系，而“面”强调的是形状和面积。面受线的界定，具有一定的形状、方向和位置。面进行折叠、弯曲、相交后会形成三维

图 5-9　线要素构成

图 5-10　线要素指示进入空间

图 5-11　线要素的立面构成

图 5-12　线要素的内部空间运用

的面。平面是建筑中常用到的面，根据位置可分为水平面、斜面和垂直面等。曲面也是线运动的轨迹，运动的线叫母线，母线的形状及运动形式是形成曲面的主要条件。

（1）水平的面

顶面：也可叫顶棚面，是建筑空间中顶界面的遮蔽构件。利用顶面和地面之间的距离可以限定出一个空间体积。

地面：地面对于建筑形式提供有形的支撑和视觉上的背景，地面支持着我们在建筑之中的活动。一个简单的空间范围，可以用一个放在具有对比性背景上的水平面来限定。地面升起，可以沿它的边缘建立一个垂直的表面，从视觉上加强该范围与周围地面之间的分离性。地面下沉，即平面下沉到地平面以下，能利用下沉的垂直面限定出一个空间体积，具有目的性和稳定感（图 5-13）。

（2）垂直的面

墙面：垂直的墙面是视觉上限定空间和围起空间最积极的要素。墙面也可理解为垂直面，是限定空间体积的垂直界限。一个单独的垂直面可以明确表达它

图 5-13　面要素的建筑构成

前面的空间；一个“L”形面，可以派生出一个从转角处沿一条对角线向外的空间范围。垂直的墙面安排成平行排列时，就限定出了线形的开口空间，并带有很强的方向性。平行面还可以限定它们之间的空间体积，该体积的轴线朝着造型端部敞开的方位。三个垂直连续的“U”形面可以限定一个空间的体积，其方向性朝着该体形敞开的端部。四个垂直面围起一个内向的空间，并可明确划定空间范围，且其方向性垂直向上。

（3）曲面

随着现代科技的发展，曲面越来越被广泛地运用到建筑中，这种形态无形中使建筑产生一种强烈的动感，创造出丰富多彩的空间形态。一般来说，曲面又分为自由曲面和规则曲面。

4. 体（块）要素的运用

体是面的结合体，是具有长、宽和厚度的实体形式。体要素占据三维空间，具有较强的空间感、体量感、封闭性和厚重感。不仅是建筑形体，城市形态也表现出强烈的体要素特征（图 5-14）。体的情感表达与体积、材料、形态有关，是它们共同作用的结果。最基本的几何形体有球体、柱体、锥体、立方体等，要使造型更加丰富，可通过变形、加减等方法来创造实现。变形的方法包括扭曲、膨胀、倾斜、盘绕等；减法的方法包括分裂、破坏、退层、切割移动等；加法的方法可通过

图 5-14　城市形态表现出城市体要素的分布与三维特征

组合关系实现，如堆砌组合、接触组合、贴加组合、叠合组合、贯穿组合等（图 5-15）。

图 5-15　体要素的建筑构成

5.3.2　建筑化构成

建筑形态的构成练习作为设计基础教学的重要组成部分，应反映出建筑化构成的特点。建筑形态构成力求使构成原理同建筑形态与空间组织相结合，运用抽象的形式连接建筑形态，使构成的形态表达适应建筑的形式规律。建筑化构成应有机结合形态构成方法，形态构成的重点在于造型，它以人的视知觉为出发点（大小、形状、色彩、肌理），从点、线、面、体等基本要素入手，实现形的生成；强调形态构成的抽象性，并对不同的形态表现给予美学和心理上的解释（量感、动感、层次感、张力、场力，图与底）。这些也都是建筑设计中进行有关建筑形式美的探讨时经常涉及的问题。因而形态构成的学习，有利于学生对建筑造型认识的深化和能力的提高（图 5-16）。

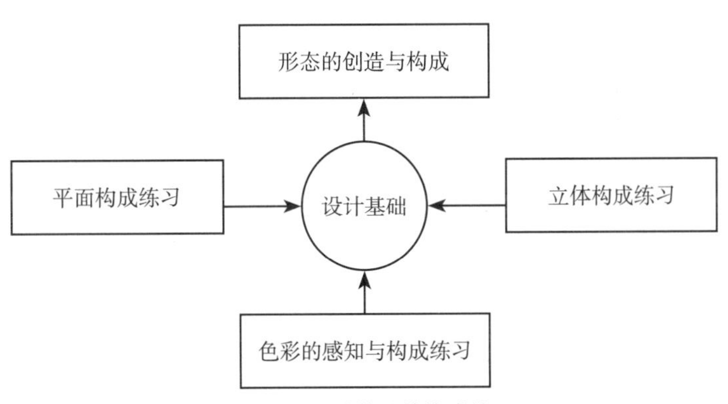

图 5-16　设计基础的构成练习

构成在建筑上的运用方法不必穷尽类型，根据主要的形式表达认知，本书梳理了以下五种主要方法。

1. 重复韵律与渐变组合

重复是相同或近似的形态沿骨骼有规律地反复出现。重复构成是将基本形作为构成形态的最基本单位，在设计中基于构成的骨骼形式重复使用。通过形体重复、有节奏韵律地变化，形成形体之间丰富的结构关系和不同的造型和空间效果（图 5-17）。

在建筑中重复韵律与渐变组合最为常见，且为最易读懂的形态构成方法应用。重复构成具有秩序化和整齐化的特征，可形成规律性和节奏感。通过重复韵律或渐变组合进行空间构成是建筑构成的常用方法。许多事物或者现象都是自身有秩序的变化或者规律的复现，这通常被称为韵律美。

渐变组合是节奏变化的韵律美。渐变是基于基本形或骨骼进行逐渐地、有规律地变化渐变的类型有形状的渐变、方向的渐变、位置的渐变、大小的渐变和色彩的渐变等。渐变也可利用基本形和骨骼的关系，将渐变的基本形纳入重复的骨骼中，或将重复的基本形纳入渐变的骨骼中，或将渐变的基本形纳入渐变的骨骼中等。

图 5-17　重复韵律与渐变组合

2. 相似形的积聚与分散

相似形的积聚与分散的目的不是重复韵律，而是通过量的“增加”创造一种新的形态组合关系。积聚与分散是将相似形的数量进行适当的编排，从而形成疏密的节奏或戏剧性的张力。通过相似形形体有规律地叠合，可以形成类似群化空间的形态表达效果，呈现整体性的动态与统一变化的空间。多种形态的组织方式，从本质上也是积聚，也是空间的增加。以一个形体为基础，对此进行增加与分散，从而形成丰富的空间构成，也是建筑中常见的构成手法（图 5-18）。

图 5-18　相似形的积聚与分散

积聚可以采用各种几何形体为单元形，通过相似单元形的重复、渐变等方式，将各个形体有规律、有秩序地构成排列。在积聚中，形体的大小、疏密、方向、形状、轻重、动静、质感、色彩的对比关系是创造形态美的关键。此外，积聚的疏密变化会产生分散组合的效果。

相似形积聚与分散手法的配合在群体建筑的设计中往往能起到主次协调的作用。在建筑群体组合的空间布局中，集中与分散的组合方式往往会强化中心建筑的严肃性、纪念性，分散的组合能够很好地烘托主体及与周边环境的融合，同时也起到突出主体与打破单调的作用。分散的布置会产生空间灵活的特点，在实际的建筑设计中，可以形成群落式建筑布局，能够适应复杂的地形特征，取得与自然和谐的形态组合关系。

3. 减法分割与虚实对比

建筑造型中使用“减法”能够形成丰富的变化层次，实现空间的重组。空间在考虑形态完整性的同时，适当减去不同的体量可以形成丰富的空间形式和层次，特别是可以给光创造多尺度和多维度的引入空间，使光影与空间产生无限的可能性。很多建筑构成的推敲与构思都是通过减法的方式进行的，这种方式通过对形体进行分割、减缺，从而形成虚实关系。减法处理后的形态往往仍具有较强的整体性以及严谨、理性的色彩。分割的手法包括等形分割、等量分割、比例数列分割以及自由分割等；减缺的手法包括消减穿孔、分裂移位、分割移动等（图 5-19）。

在对建筑形体的切割中，其方法就是一种减法造型，是指对基本形进行分割和重组等，再利用空间构成原理加以组合，创造出新的、完整的形态。切割形体可以去除切割的部分，从而形成空间或形成正负形的关系。此外，还可以将分离的形体进行空间移动，或打散重构，以增加空间的层次性，丰富建筑形体的表达。

4. 空间围合与层次变化

空间的多层次限定会形成空间的变化。通过空间的联系与分隔会自然形成一定的序列，我们称为空间秩序。建筑平面功能一般要进行一定的空间组合，这是

图 5-19　减法分割与虚实对比

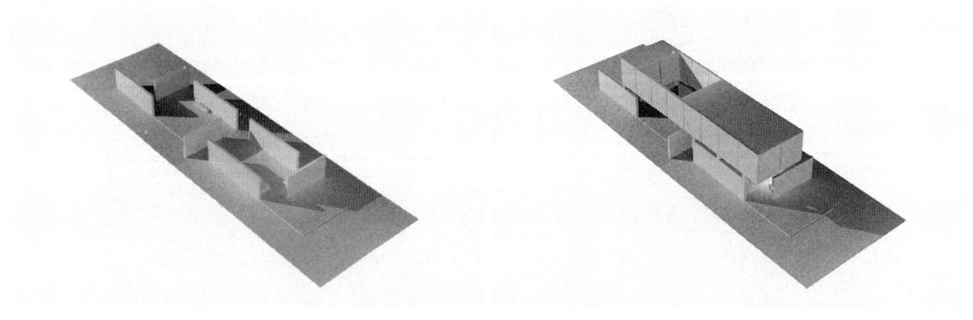

图 5-20　空间围合与层次变化

建筑设计的重要基础，通常通过构图来组织空间关系。因为建筑功能既需要一定的联系，同时也需要一定的分隔。在平面构图中要善于进行功能组织与布局，以实现设计的空间合理、流线清晰、组织有序的要求（图 5-20）。

在建筑的构图组合中，关键的问题是“分隔”对空间的限定程度如何。建筑空间的各组成部分主要是通过分隔的方式来完成的，当然，空间的分隔与联系是相对的、相辅相成的。空间的联系与分隔自然涉及空间的“围”“透”关系，既要考虑到空间的功能特点和私密性要求，又要考虑到空间的艺术特点和人的心理需求。

在传统城市空间中，一方面有着严谨的层次与尺度的组合方式，例如，传统建筑中的“照壁”“屏风”是对门厅和室内空间的限定与分隔；院落则是一种基本的居住单元的围合限定，由院落到城市则需要不同层次街巷空间的组合限定；另一方面是空间使用的隔离限定要求，例如，安静区与噪声区、清洁区与污染区、工作区与休息区等的联系与分隔等。

层次是建筑形态设计的重要方面，但常被人们所忽视。建筑的层次体验和审美研究是一个综合分析的过程，体现在形式美原则与层次审美的相互关联、相互融合、共同作用中。建筑层次呈现出建筑形体和空间之间关联特征的组合关系。需要强调的是，建筑的空间构成重要的不是空间本身，而是空间与空间的连接关系。

我们理解到空间也是一种形态，但它需要各种形式要素的限定。当通过围合、升起、隔断、组合等形式要素限定的时候，空间也就在其间形成了。通过限定空间关系，利用空间的联系与分隔产生层次的变化构成空间秩序，即强调空间的围合和分割，可以形成空间的穿插变化，创造出封闭、半封闭、开敞、半开敞等不同的空间围合与空间层次关系。

空间围合与层次变化构成是从实际空间限定的概念出发研究构成设计中的静态实体与动态虚形以及它们之间关系的形式与审美问题。抽象的点、线、面、体表现为客观存在的限定要素，我们可将这些要素的某一限定称为界面，由空间限定构成的形态，表现为存在的物质实体和虚无空间两种形态。在建筑构成中，使用水平和垂直的交通空间将不同的空间层次加以连接，以呈现出整体的空间关系与层次变化。同时，建筑空间构成更注重人的尺度和感受。

不论何种空间均是由不同形态的界面围合而成，围合形式的差异就造成了空间内容的变化。按空间构成方式的不同可呈现三种基本形式：静态封闭空间、动态开敞空间、虚拟流动空间。静态封闭空间具有限定性极强的界面围合；动态开敞空间的界面围合不完整，外向性强，限定性弱，强调和周围环境交流渗透的关系；虚拟流动空间不以界面围合作为限定要素，而是依靠形体的启示和视觉心理来划定空间，是通过象征性的分隔，保持最大限度交融与连续的空间。

5. 空间特异与形态解构

特异是在一个具有规律性的秩序构成中，局部有个别图形打破原有的一般结构规律，产生一定的对比关系，会增加视觉的兴奋点和趣味性，也就是为了突出某一空间的特殊功能或含义，在形态、尺寸、比例和造型方式上与其他建筑部分形成和谐但突出的空间效果，是空间特异法的主要表达方式。空间特异是规律的突变，有引起注意、消除单调的作用，借助变形、解体、夸张和矛盾等手法创造更大的可能性与形态冲击力。

解构包含着构成、分解与重构三方面的含义。解构时，将原型划分为新的要素然后组成新的构成。这一过程同样体现在对构成对象的造型方式与形式规则的组成创造中，“形式产生关系，关系又产生形状”，形式要素关系的构成与分解，取决于“构”的形式规则的运用。解构主义设计方法及形式并没有统一不变的定则，解构主义强调变化、推理与随机的统一，和对现有约定俗成的规则的颠覆和翻转（图 5-21）。

图 5-21　跳舞的房子——特异构成

5.3.3 表现的类型

形态是指事物在一定条件下的表现形式和组合关系。形态造型是指运用建筑化构成的方法，形成某种构成形态的具体表达。传统建筑的构成逻辑与现代建筑的构成逻辑有着很大的不同。例如，17 世纪古典主义成为法国建筑的主流，古典主义具有准确与严谨的特点，强调对称性构图方式及外墙复杂的重复。在平面构成中，功能房间的空间体系及其空间连接是清晰的——形成了严谨的构图与形制。但当现代建筑设计突破了传统的束缚呈现出构造自由的时候，构成方法的意义就凸显出来了。现代建筑更强调艺术处理的合理性和逻辑性，强调艺术和技术的高度统一，将建筑艺术处理重点放在空间组合和建筑情境的塑造上，更看重建筑的社会性质。

1. 半立体构成

半立体立面构成体现在建筑立面肌理的构成形态上。所谓肌理，即由物体表面各种大小、形状、密度、色彩等元素组成的纵横交错、高低不平、粗糙平滑的纹理变化。这些元素可能是点、线、面或体，它们的排列组合或有规律，或无规则。建筑立面的肌理则是通过组成立面的元素——各种表皮材料、建筑构件① 以及它们的排列组合所形成的组织结构。建筑立面的构成表达因其构成或半构成的形式语言，形成了某一界面形态的立面构成肌理（图 5-22）。

每个建筑的立面都会自然形成某些肌理，形成某种立体构成或半立体构成，也称为两点五维构成。半立体构成是依附于平面的，通过剪切、捻转、弯曲、粘贴等手段进行空间转换，塑造出凸凹起伏的形态，在视觉和触觉上都有立体感。半立体具有平面和立体的两种形制，浮雕是典型的半立体形态。

图 5-22 建筑立面的半立体构成

2. 单一形态构成

我们从形体变化组合的可能性进行分析，建筑形态首先呈现的应是基本构成要素的单一重复

① 构件是指组成构成的单元，建筑构件是特征构成建筑形态的基本要素单元。

表达。下面我们结合案例解析的方式对单一形态构成进行归类梳理并建立感性认识。

（1）线构成

线构成既可以形成立面肌理构成，也可以限定出立体的虚空间。建筑线要素的排列、叠加、组合的形式构成，具有强烈的空间感、节奏感和运动感。其中，斜线是介于垂直线和水平线之间的形态，具有不安定和动态感，方向性强。网格线具有秩序感和与结构一致的合理性。曲线表现出丰满、柔软、欢快、轻盈及调和感。自由曲线形态具有生动流畅且富于变化，追求与自然的融合等特性（图 5-23）。

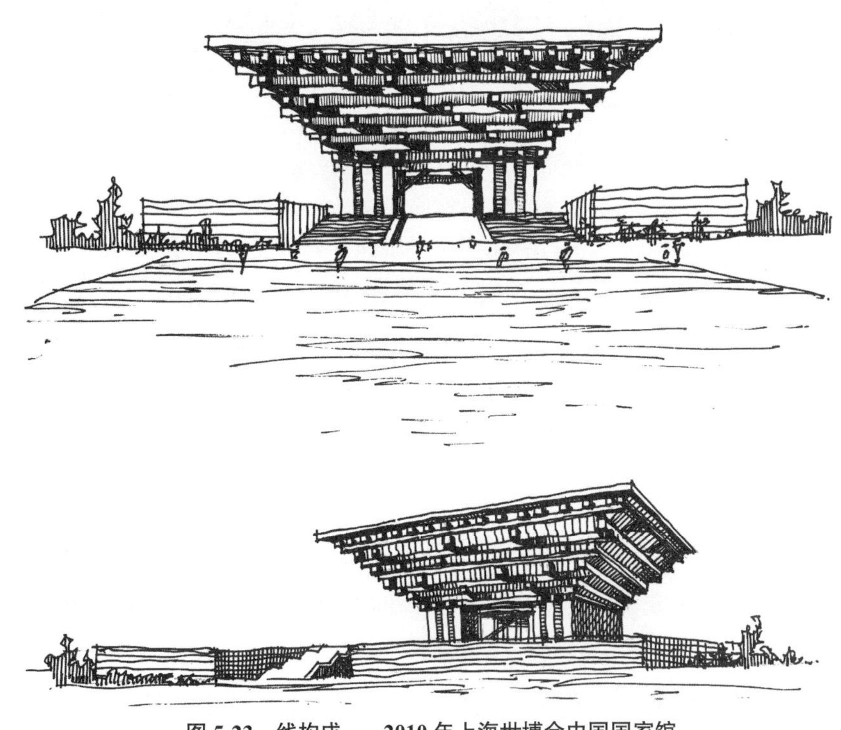

图 5-23　线构成——2010 年上海世博会中国国家馆

（图片来源：东北大学江河建筑学院建筑类 2020 级蔡资潇）

（2）面构成

面构成同线构成一样，既可形成立面的构成肌理，也可实现对空间的分割限定，并且，面的限定形成了真正的实体空间限定。

例如，理查德·迈耶设计的千禧教堂，整体上看，教堂主要是以弧形与方形的面、体元素所构成的。三片曲面墙是由预先筑好的灰白色混凝土板所制成，曲面墙体意在表现天穹。例如，理查德·迈耶设计的千禧教堂，整体上看，教堂主

图 5-24　面构成——千禧教堂

（图片来源：东北大学江河建筑学院建筑类 2020 级蔡资潇）

要是以弧形与方形的面、体元素所构成的。迈耶强调面的穿插，讲究纯净的建筑空间和体量。他将明暗对比强烈的外形和内部的中殿平面与曲面墙体、斜顶空间等几何元素和谐地融合在一起，形成了纯洁、宁静的简单结构和丰富的空间构成（图 5-24）。

（3）体构成

体构成同面构成一样，既可形成立面构成肌理，也可实现对空间的分割限定。立面的体构成强化了立面形态的虚实和凹凸的结合，形成了较为强烈的阴影关系，体现了较强的体量感和构成秩序。建筑基本形体为立方体、柱体、锥体、球体等最简单的几何体，它们单纯、精确、完整、富有逻辑性，也有各自的表情和强烈的表现力。其中，立方体具有稳定、静止的特性，没有明显的运动感和方向性。

例如，妹岛和世的作品美国纽约新当代艺术博物馆，总共 7 层，建筑由大小不同的 6 个体块竖向堆叠而成，每个盒子都有不同的楼层面积和天花板高度，形成了偏离中心的金属"盒子"的堆叠构成。妹岛和世通过这些盒子的移位让建筑的内部更加通融和开放，并引入光线。堆叠的体构成建筑在狭促的街区内营造出了不同高度和气氛的开放、灵活的展览空间（图 5-25）。

再如，BIG 建筑事务所所做的高地大楼（height building）。建筑的整体形态有如退进的动感梯田，沿中心轴呈扇形展开。"梯田校园"由 5 个矩形结构以沿中轴退进旋转的方式堆叠构成，保留了传统单层教学楼所拥有的社群感和空间效率。每层楼上方的绿色露台成为教学空间的延伸，为学生和教师创造了一个室内外连通的学习景观（图 5-26）。

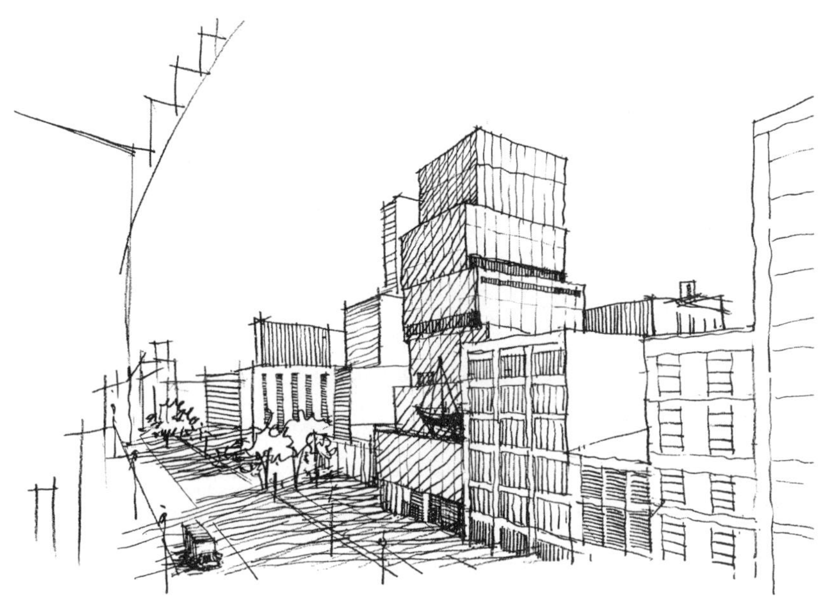

图 5-25　体构成——纽约新当代艺术博物馆

（图片来源：东北大学江河建筑学院建筑类 2020 级蔡资潇）

图 5-26　体构成——高地大楼教学楼综合体

（图片来源：东北大学江河建筑学院建筑类 2020 级蔡资潇）

3. 要素转化构成

当构成要素相互间产生形式的转化时就会产生稍微复杂的形态认知，例如，体化面、面化线等。

（1）体化面

在实际的设计中，建筑都是从体量入手的（体），而面则是对体的进一步分隔与解释，建筑设计的过程体现了从体到面的动态消解过程。因为建筑的本质是围空，围空这两个字就强调了面对空间分割的重要性。在很多建筑的表达中，还特别呈现出这一消解渐变的动态过程，作为一种塑造空间的设计手法，可以提高设计的新意与创造性（图 5-27）。

（2）面化线

同理，在三维上体可化面，在二维上面可化线，这一动态过程通常是在二维形态中容易体现。面化线也可理解为线的变化，线条元素是丰富建筑立面形态最重要的构成要素。线通过集合排列，形成面的感觉。从造型的含义上讲，线只能以一定的宽度表现。点、线、面三者可以通过自身的变化来实现彼此之间的切换。例如，当线在画面上加粗到一定程度，我们就会把它看成面。因此，点线面不是绝对存在的，是相对存在的。

图 5-27　建筑的体化面渐变构成

（图片来源：东北大学江河建筑学院建筑类 2020 级蔡资潇）

4. 复形形态构成

复形是由两个以上的单形构成，表现出来的是多构成要素的复合。借助基本图形的影像和造型结构，把几种在视觉上完全相同或相异的物形组合在一起就是复合图形。复形形态强调不同形体之间的契合、穿插、重心、比例、平衡等关系，使得视觉上更加整体与紧凑。事实上，更多的建筑构成形态是复形形态的构成。复形组合通过单体连接、嵌合、消减、切割、堆积、排列、聚集等一系列构成手法，进行排列组合。

复形形态应注意形体组合的主次关系、统一性和节奏感。建筑构成组合类似搭积木，体块在组合的过程中产生了许多新的视觉形态和新的空间关系，任何一种组合方式或基本形的变化都会影响形态的整体效果。复合形态不是简单地拼凑，只有统一的和内在的秩序建立起来才会产生整体形态的意义，人们不断在这种变化组合中尝试寻找理想形态的构成表达。

5. 群化空间构成

群化空间构成是群化构成的建筑化表达[①]。建筑作品中存在一种特殊的连续系统变化的空间类型，我们将这种符合群化组合法则的空间定义为“群化空间”。因此，所谓“群化空间”，是指构成形态由基本空间单元经过一定的构成规则组合而成的整体形态。

群化空间的过程首先是通过设计单元体作为基本形态单元；其次，设置一定的变化规则，包括基本单元体的变化和形体组合的变化规则；再次，设定建筑的空间网络，这个网络是为了约束构成形态的合理表达，以使构成形态符合建筑的形式规则，产生同一性，形成群化；最后，对构成形态进行功能化的建筑改造，赋予各单元体以一定的功能及连接其相互关系，以形成从构成形态到建筑形态的“群化空间”。

群化空间本质上是一个空间，既可以互相连通成一个整体的空间，也可以对每个单元自身特征形成一个单独的心理空间。群化空间充分利用了构成组合法则的特性，强化了空间之间视知觉的感应变化，也就是说，群化空间的组合元素集聚形成一个新的整体，而在新的整体中每个单元元素依然具有其独立的识别性。

6. 衍生形态构成

很多建筑的形态构成并不容易分解出线、面、体的基本要素，其构成形态更倾向于特定形态的塑造。这些形态可通过简单的形体关系走向繁杂抽象，或是体现复杂的空间关系甚至是非线性的形态，我们可称之为衍生形态构成。对“形”的理解需要从某些自然的衍生形态或人工的纯粹造型演化来进行直观的理解。

---

① 群化构成是重复构成的一种特殊表现形式。它不像重复构成在上下、左右均可以发展，群化构成基本形数量不宜太多，而形成简练、醒目、紧凑、严密的特点，相互可以交错、重叠或透叠，同时注意平衡和稳定的构成，具有独立存在的性质。

自然形态的人为衍生可分为有机形态和无机形态，有机形态是指可以再生的，有生长机能的形态，无机形态是非生物形态、几何形态。此外，有机形态是自然促成的形态，它具有高度的生命力。有机形态设计主要是自然形态中的有机形态类元素。有机形态的建筑能够表现出一种生长感、量感、空间感、生命力之感。

7. 解构主义构成

解构主义是从构成主义的字眼中演化出来的，解构主义和构成主义在视觉元素上也有些相似之处，两者都试图强调设计的结构要素。不过构成主义强调的是结构完整性、统一性，个体的构件是为总体的结构服务的；而解构主义则认为个体构件本身就是重要的，因此对单独个体的研究比对于整体结构的研究更加侧重。20 世纪 80 年代，一位西方艺术家来华演出的一出哑剧，形象地说明了什么是解构主义。这位艺术家在用一把中提琴演奏了一段古典音乐之后，突然起身猛地将琴摔到地上，并狠狠地踩了一脚，然后他又很快地用提琴碎片在一块画布上粘贴出一幅抽象的绘画——一幅提琴解构重组的绘画。这样，原来完美、和谐的提琴造型已不复存在，而它留下的碎片在另一种艺术形式中得以重生（图 5-28）。

图 5-28　解构主义构成

5.4　物态抽象单元任务

在第一阶段的学习中，根据形式秩序的理性认知规律，我们先从外部认知开始进行体块构成的单一空间概念设计，并形成从图纸空间到模型空间的正向思维方式。在第二阶段的学习中，将从形体内部空间认知开始，摆脱图纸空间（二维空间）的束缚，直接进入模型空间进行实际操作。

第一阶段的学习严格遵循设计思维的逻辑结构[①]，引导学生从图示思维开始逐渐生成三维空间形体的创造过程。该阶段的第一个设计——单一空间的概念设计就是按照这样的思维逻辑生成的。通常情况下，我们习惯于在图纸空间中的构思推敲，头脑中的形态其实是虚拟的模型空间想象，然而，单纯从二维到三维的推敲容易让初学者的初始概念变得贫乏疲惫，直接在三维空间中完成搭建和推敲似乎更加清晰和形象。同时，直接的三维空间操作往往很难向更深入的空间层次展开思考，且缺乏足够清晰的构成逻辑，表现在随机感性和杂乱感共存。因此，在第二阶段，将辅助使用图纸空间进行设计优化，这能积极弥补模型空间的不足。

5.4.1　单元设定

单元设定：阴阳交替——秩序的演化。

本单元目标旨在模型空间探讨遵循特定生成逻辑的空间构成形态，将单一概念空间中具象的构成方式，改变为抽象的构成方式，通过纯形式化的空间实验，探寻空间造型的可能性。

构成表现是一次很自由、很自我的创作课程体验。对于同样的事物，每个人都应有不一样的理解与阐释。将原有的图片进行拆分、解构，重新划分单元元素，通过这个再创造的过程，将人的情感引入空间构成中，从而为空间构成增加了构成表现的情感维度，实现多维空间的展示与设计。

立体构成的空间是指在立体形态本身占有的环境中，实体与实体之间的关系所产生的相互吸引的联想环境。我们所使用的空间造型要素包括：体块、板片和杆件。

① 设计思维的常态化逻辑结构：问题提出—调查、解读、分析—愿景构建、概念提出、策略探寻、逻辑优化、设计梳理—图示化表达—现场实施管控—使用后评价——再次跟踪优化。

5.4.2 理解重点

在本单元的情境设定中，学生主要理解三方面的内容。

1. 理解中国传统建筑文化中空间哲学的阴阳相生、虚实互化

阴阳思想可以说是中国古代最富哲学味道的理论构想。阴阳思想最主要的特点是统一、对立和互化。阴阳是抽象的属性概念而不是具体事物的实体概念，但阴阳一体“乾为天，坤为地”的说法也论证了“实体和实体空间”的关系。“阴阳相生”是指事物或现象间相互依存相互转化，所谓“阴阳调和”也可理解为虚实相生的关系。建筑空间有实体也有虚体，在建筑中人们进入空的虚体，视觉所及却是进不去的实体，但实际感受到的却是虚体空间，只是我们没有意识到而已。中国传统建筑文化对建筑空间的虚实有无进行了辩证的理解，正如，“埏埴以为器，当其无，有器之用。凿户牖以为室，当其无，有室之用”。

2. 充分理解重构平面空间形态，创新物态抽象设计的重要意义

重构平面的物态抽象构成涵盖了大量的知识体系，学生将尝试对画面的整体把控以及重新建立色彩关系，将空间与平面进行互置推理，形成空间新秩序关系。在很多时候，我们的思维会完全局限在一个狭小的空间里，很难冲破。从平面到空间，从具象到抽象，我们试图通过图形去寻找与外界的某种内在关联性，追求视觉上特殊的空间体验，创造未能实现的空间及其心理感受，从而获得思想上的情感和价值观的转变。

3. 建立点线面的材料意识，理解材料的选择与拼贴的构成意义

在构成练习中还需要建立材料意识。首先，通过模型材料的使用加深对材质的认识，以及对材料表现手法的开发，用这些材料组织材质展示面。其次，通过对同一材料不同组织关系的训练，获取对这种材料多种形式表现力的开发，扩展对材质的运用与把握能力。最后，根据材料的特点和属性来组织简单的形体，了解材料自身的成型方式和方法。材料的选择与拼贴是构成形态理解的重要方面，对材料性质与表现手法的开发，包括不同材料的练习、同一材料的深化练习，点、线、面形态转化为实物形态等排列方式练习等，都是立体构成练习的理解重点。

4. 理解形态造型的多可能性，增强构图与造型的观察力、感受力

培养学生的形态认识能力，了解形态的组合方式，增强学生对造型与构图的观察能力和感受力。每一个空间的限定要素均存在不同的空间特征和形式表达的可能性，即使是同样的一种要素，因操作方法不同，产生的空间也应该是不同的。需要指出的是，基本要素之间的关系是复杂多变的，要素之间可以通过一定的方式相互转化，这需要我们学会在不同场合鉴别它们。例如，我们会感到尖形角上有点；物体边缘上有轮廓线，线围成的空间可形成面；有些要素关系则依赖于感觉去体现，如空间、重心、均衡等。

5.4.3　单元目标

1. 知识目标

（1）理解平面构成、立体构成和色彩构成的概念、演化；

（2）理解造型要素的特性与表现，物态抽象的基本方法；

（3）初步理解构成与建筑的关系、空间的限定、建筑形式的创造与建筑形态的表现。

2. 能力目标

（1）能够建立平面物态抽象与空间造型的能力；

（2）能够按照特定构成概念组织杆件、板片、体块等要素进行空间造型的能力。

3. 素养目标

（1）培养学生对艺术的欣赏，初步具备真、善、美、丑的识别能力；

（2）培养学生的自我认知能力、独立思考能力、发现和解决问题的能力。

5.4.4　单元模块的设计

形态构成训练是设计的基础，在美学层面两者同属视觉艺术范畴，剥去建筑的功能性，建筑的空间形式与构成造型之美是共通的。本单元训练注重空间的形式逻辑，培养学生的空间理性思维，并将这种思维转换为建筑设计的思维与能力。

1. 作业内容

（1）物态抽象平面构成

选择图片中构成组织更加明显的画面，但不要选择过于简单的图像，越是简单，就越不容易概括出基本构成要素；其次，对于图片色彩的选取尽量丰富，这样在进行色彩抽象表现时可以利用和借鉴的因素就越多；最后，所有画面的构成都需要学生自己去构建，所以在抽离过程中一定要选择更具表现力的图片，来获取更多的灵感。

（2）立体构成练习 1——分割构成：减法空间与虚实对比

①根据分割类造型的基本方法进行形态构成练习。

②练习选用的“原形”为立方体，其尺寸为 120mm × 120mm × 120mm。

③通过对原形分割后，“子形”与“原形”之间、“子形”与“子形”之间应具有一定的形态和比例关系。

④“子形”通过消减（减缺、穿孔）、移位（移动、错位、滑动、旋转）的处理后，重新组合形成“新形”。新形应该具有鲜明的形式感，并运用形态的视知觉和形态的心理感受，符合形式美法则。假如新形仍然保留了原形的部分形态，子形之间就会有某种复归原形的势态，那么新形的整体感会加强。

⑤结合空间法的相关内容，合理确定各个“子形”之间适当的空间距离，并利用形体之间的距离及形体的大小，形成方向感和动势。

⑥学会用纯粹抽象的“形”去思考问题，摆脱物象化思维的纠缠，关注形的本质规律及其产生的视觉美的构成（图 5-29、图 5-30）。

（3）立体构成练习 2——线面构成：空间围合与层次变化

①根据空间法造型的基本方法，选用“线”“面”两种基本形进行立体构成练习，即杆件、板片。

②“线”在形态和材性方面可由学生任意选择，但材质和材性不可变化过多，在尺寸上应适度，既不要过长，也不要过短，应以其围合空间的“场”感和底座的尺度相宜。为了形成一定的韵律和节奏，线的数量不可太少。选用的面以直面和单曲面为宜，面的大小，外观形态（包括比例、形状、曲直和虚实）不做特别的规定，面的数量不可太少，多个面之间应有一定的内在联系。“面”在尺寸上应适度，既不要过大，也不要过小，应以其围合空间的“场”感和底座的尺度相宜。

③通过对基本形“线”“面”的选择，使形态构成的作品具有鲜明的形式感。运用形态的视知觉和形态的心理感受，使其符合形式美法则。

④学会用纯粹抽象的“形”去思考问题，摆脱物象化思维的纠缠，关注形的本质规律及其产生的视觉美的构成（图 5-31、图 5-32）。

（4）立体构成练习 3——面体构成：似形的积聚与分散

①根据空间法造型的基本方法，选用“面”“体”两种基本形进行立体构成

练习，即板片、体块，完成似形的积聚与分散构成的表达作品。

②本次练习选用的“面”以直面和单曲面为宜。“面”的大小、外观形态（包括比例、形状、曲直和虚实）不做特别的规定，本次练习选用的“体”以直面体和单曲面体为宜。“体”的大小、外观形态（包括比例、形状、曲直和虚实）不做特别的规定，“体”的数量不可太少，各个体之间应有一定的内在关系。“体”在尺寸上应适度，既不要过大，也不要过小，应与“面”及底座的尺度相宜。

③通过对基本形“面”和“体”的选择，运用形与形的基本关系和心理感受控制范围“场”，使形态构成的作品具有鲜明的形式感。

④学会用纯粹抽象的“形”去思考问题，摆脱物象化思维的纠缠，关注形的本质规律及其产生的视觉美的构成（图 5-33、图 5-34）。

2. 作业要求

①平面构成完成 200mm × 200mm 尺寸三张，第一张为取景照片，第二张为抽象素描构成，第三张为抽象色彩构成，每张作业四面留边 100mm，装裱在黑色卡纸上。

②立体构成练习 1 为必选，立体构成练习 2 和 3 选择其一。

③立体构成底座制作：每个同学根据自己的“新形”成果选用 400mm × 400mm × 20mm、300mm × 300mm × 20mm、200mm × 200mm × 20mm 三种不同规格之一的底座尺寸。底座的颜色统一为黑色，可先用纸板做成骨架，外贴黑色卡纸。

④立体构成“新形”的固定：“新形”统一为白色，并用模型胶固定和连结。

图 5-29　分割构成：减法空间与虚实对比一
（图片来源：东北大学江河建筑学院
建筑类 2022 级何菁菁）

图 5-30　分割构成：减法空间与虚实对比二
（图片来源：东北大学江河建筑学院
建筑类 2022 级陈志高）

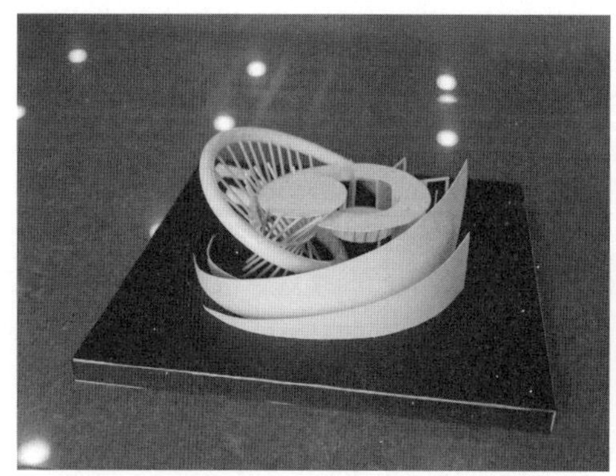

图 5-31　线面构成：空间围合与层次变化一
（图片来源：东北大学江河建筑学院
建筑类 2022 级陈锡雄）

图 5-32　线面构成：空间围合与层次变化二
（图片来源：东北大学江河建筑学院
建筑类 2022 级陈月娇）

图 5-33　面体构成：相似形的集聚与分散一
（图片来源：东北大学江河建筑学院
建筑类 2022 级宁元泰）

图 5-34　面体构成：相似形的集聚与分散二
（图片来源：东北大学江河建筑学院
建筑类 2022 级陈志高）

第六章　情境转译：条件的限定

建筑师在进行设计时，需要根据实地调研成果、设计任务书、上位规划要求等已知条件，结合建筑的结构形式、建筑材料、建造方式、采光条件等，以及结合设计者自身的设计理念而物化生成。其中，建筑师的设计理念既是文本情境的物化转译也是对设计条件的正确响应，最后的设计作品是建筑师的设计理念与场所环境、形体表达的高度契合。本章的学习将进一步理解第四章概念物化内容，并强调环境响应和理解情境转译的思维过程。

6.1　环境条件

6.1.1　建筑与城市

建筑是“形式化的秩序”，当一座城市的建筑能够遵循某些共同的形式原则时，一座风格统一、独具特色的城市就形成了。在建造技术并不发达的古代，城市的地域化特征尤其明显，城市风格自然而缓慢地形成，人性化尺度与自然生长的秩序完美地结合，催生了有机的城市形态。

从城市整体的审美视角，我们可以总结出以下认识：建筑体现的是个体美，城市呈现的是整体美。首先，建筑个体要服从于城市整体的风格特征与形式秩序。当然，城市不同时期不同类型的建筑也可以和谐有序地统一于整体的环境之中，和而不同；其次，建筑自身的个性创造也是城市魅力的重要体现，城市中的标志性建筑、代表性空间往往会成为城市的名片，让人记忆深刻，流连忘返，成

图 6-1 风格统一整体的巴黎老城形态

为旅游打卡地。从建筑个体的审美视角来看，建筑的形式语言、细节构造、人性尺度与街道广场的空间形式共同组成了城市的有机整体（图 6-1）。

建筑个体要服从于城市整体。传统城市形态与现代城市尺度有着巨大的冲突性。传统城市规模适宜、适于步行，现代城市超视域尺度、巨型化、垂直增长。因此，与传统街区进行形态协调是我们经常要应对的城市设计问题。这一形态冲突在法国巴黎的蒙帕纳斯大厦上体现得尤为明显。大厦建于 1972 年，共 59 层，高 209m，是巴黎老城区除埃菲尔铁塔外最高的建筑，也是老城区唯一的一座摩天大楼。对比巴黎老城传统街区的整体秩序，蒙帕纳斯大厦相对于巴黎老城显得非常突兀，被人们称为“巴黎的伤疤”（图 6-2）。

城市也要尊重建筑自身的个性创造。在现代城市的迭代更新中，由于历史、自然、社会、经济、文化和其他现实条件制约，同时又受到技术水平、规划意图等诸多因素的影响，城市形态演化呈现出复杂多样的形态结果（图 6-3）。城市中建筑的自我表达从未缺席，例如，在符合现代社会审美的前提下，以复杂性科学、数字化技术和可持续理念为建筑形态创新的核心要素，非线性和数字化自由的建筑形态得到创新发展。建筑设计理论与思想观念也达到一个前所未有的

图 6-2 蒙帕纳斯大厦与巴黎老城

图 6-3 现代城市形态特征

高度，正如马岩松所说，建筑更需面对城市的多样性与复杂性，超越类型学固性思维的束缚，创造“非理性，拥有改变城市的勇气”。

6.1.2 环境与感知

我们可以从三方面来理解建筑生成的环境感知：一个是街区的整体性，一个是场所的独特性，最后一个是基因的传承性，也可以说是模因演化的秩序性。

1. 街区的整体性

街区环境能够对设计地段的具体设计要求有一定的规定性和约束性。城市街区结构的识别能够让我们从城市的角度审视建筑生长的街区环境。对城市街区结构形态的设计可理解为城市设计。城市设计是对城市三维环境的设计，街区内的个体建筑应与街区的整体形态相协调。同时，建筑设计也需要在城市设计的总体控制下进行具体设计。可以说，任何一栋建筑都不是孤立存在的，建筑与城市街区、建筑与建筑群体、建筑与周边环境、建筑与使用者之间都存在着彼此协调的关系，因此，在处理好建筑单体造型设计的同时，更要处理好建筑与上述街区整体关联要素之间的关系。

街区环境主要有历史街区环境和现代街区环境两种类型。历史街区的建筑形态能够彼此协调，形成了街区特征的共同规则。比如，适宜的街巷尺度，统一的立面风格，连续的街道底层界面、慢行系统等。与历史街区相比，现代街区的空间尺度和形式秩序产生了较大的变化，但依然具有某种可以遵守的共同设计规则。例如，相比历史街区的连续性，现代街区建筑相对独立，建筑形体巨大且高低错落，垂直生长。

2. 场所的独特性

建筑并不仅是一个单纯的实体形式问题，更是空间场所的营造问题，可以说，建筑存在的基础就是“场所”空间的营造。在这里，我们需要重点理解一下“场所”的概念。20世纪60年代，诺伯格·舒尔茨提出了“场所”的概念，“场所”是指物理空间、人类精神与情感意义共同塑造的空间整体。这里的场所空间不仅仅是物质空间的概念，还包括了场所感——使用者、社会与文化的共生环境，也可以理解为城市空间被赋予了社会、历史、文化、人的活动等特定内容的存在意义。因此，在设计时，地段调研既是对空间环境的真实感受体验，又是设计者建立场所情感的重要方式。

每个场所都是独特的，有着“此地”与“彼地”的不同，不同的场所空间产生不同的空间意义——“场所精神”。那么，设计也有着在场和非在场（Site & Nonsite）的不同——“在场”就是当设计作品介入到复杂的、具有开放性的城市空间场所时存在的逻辑依据。可以说，建筑空间与场所环境二者是相互关联、相互影响的，是一种和谐统一的关系。从宏观层面，建筑与城市，城市和自然也存在“在场”的关系。在生态文明视角下，建筑设计要尊重环境、顺应自然，正如习近平总书记的科学论断，“绿水青山就是金山银山”。建筑不仅仅是行为的居所，更体现了文化艺术、社会人伦、生态绿色与可持续发展的思想综合，建筑与城市是生态文明的重要组成部分。

总之，空间场所的营造是建筑师进行设计创作时需要主要考虑的问题。

3. 基因的传承性

形态基因是一种根植于历史的、具有遗传性质的空间形态类型，也可称为模因。形态基因体现的是城市形态的生成机理与传承途径。形态基因在不同环境条件下呈现出的不同的空间表现形式，是认识不同地域城市发展规律和因地制宜进行设计活动的关键所在。建筑设计时注重对形态基因的提取，以使建筑形态在创新中得以对历史的传承延续。

考虑形态基因可能的设计影响因素，可以尝试从下面概念中进行初步理解：

（1）空间肌理

空间肌理是对城市形态和空间特征的描述，空间肌理随时代、地域、城市性质的不同而有所不同。不同的城市空间肌理可以进行和谐共生，其特征既表现为不同时期历史性的拼贴关系，也有同一时期不同肌理形态的拼贴。此外，空间肌理既有人工的特质也可以有自然的特质，城市肌理是城市、自然环境与人所共同构筑的整体结构形式和空间特征的总和。

（2）城市文脉

城市文脉是指介于各种城市物质元素之间的对话与内在的联系，也包括局部与整体之间相互的关联。延伸到城市设计领域，文脉就是人与建筑的关系、建筑与城市的关系、空间要素或整个城市与其文化背景之间的逻辑关系。城市历史文化及其形成的物质空间元素需要得到保存与维护。

（3）社会传承

城市空间是生活的容器，任何城市空间都连接着社会生活。刘易斯·芒福德把城市比喻为一个容器，这个容器里面“盛放”着人类的文化、人类社会的组织架构、社会的记忆和人们的生活，等等。在设计时，要考虑到社会生活组织方面的要求，考虑到人的使用和社会问题的影响。

（4）设计语言

在建筑设计创作过程中用到的一些具有独特风格的空间形态和手法，统称为设计语言。统一的设计语言可以加强设计的整体性和协调性，差异化的设计语言可以强化设计的独特性和标志性。优秀的设计语言可以产生设计隐喻，激发建筑文化的社会认同，得到广泛的共识和强化文化自信。

6.1.3 用地与设计

1. 用地规划

用地控制内容主要集中在“功能、强度、配套”三大要素上。功能主要体现在土地使用控制上，包括用地边界、用地面积、用地性质的控制等，例如，商业服务业设施用地（B）、居住用地（R），分别体现了用地的商业服务和居住功能。强度是指开发建设的经济技术指标，按照用地性质的不同，有着相应的空间强度指标，例如，容积率是指用地范围内，地面以上总建筑面积与用地面积的比值，体现了特定用地的开发强度。其他指标还包括建筑密度和绿地率等。配套是指用地满足服务功能的市政设施配套和公共服务设施配套内容，这方面内容将会在高年级系统学习。

2. 形态控制

形态控制内容包括建筑建造控制和城市设计引导。建筑建造控制包括建筑高度、建筑后退、建筑间距等，城市设计引导内容包括建筑体量、建筑色彩、建筑形式、建筑空间组合，以及其他环境要求等。

形态控制的要求一方面主要体现在对建筑体量、形式、空间组合的理解上，另一方面体现在对场地设计和外部空间设计的理解上。

（1）建筑本体形态

对建筑体量、形式、空间组合的控制。

（2）场地规划设计

场地规划设计是针对基地内建设项目的总平面设计，是依据建设项目的使用功能要求和规划设计条件，在基地内外的现状条件和有关法规、规范的基础上，人为地组织与安排场地中各构成要素之间关系的活动。

（3）外部空间设计

外部空间作为建筑内部空间的共生条件，是指由人创造的有目的的外部环境。所以，所谓外部空间设计，就是创造这一空间的设计活动。如果以一名建筑师的眼光去界定外部空间，这里的外部空间更多的是作为建筑的附属空间，与景观、规划的“外部空间”是有着一定的区别的，景观、规划的外部空间可视为一定范围的公共开放空间。

场地规划设计侧重场地要素的组织与总平面设计，而外部空间设计则侧重空间形式的设计与外部空间层次性的界定。

6.2 规划条件

6.2.1 规划设计传导

国土空间规划是指国家对一定的行政区划内国土资源进行的长远谋划和统筹安排，目的是对国土进行有效的管理和科学治理。传统的城乡规划包括城市规划、乡村规划等，是为了使城市、乡村和城镇在某段时间发展的性质和目标，能够合理地利用城乡土地。建筑学古而有之，城乡规划学科却是在英国工业革命之后形成发展的。美国国家资源委员会对城市规划的界定是：“城市规划是一种科学、一种艺术、一种政策活动，它设计并指导空间的和谐发展，以满足社会与经济的需要。”城乡规划已纳入国土空间规划体系。

城市各项建设的规划与统筹需要落实到具体用地的建设要求上。国土空间规划分为五级三类，其中“五级”指的是：国家级、省级、市级、县级、乡镇级。“三类”指的是：总体规划、详细规划和相关专项规划。国土空间总体规划提出国土空间开发保护要求，统筹布局农业、生态、城镇等功能空间，划定落实永久基本农田、生态保护红线和城镇开发边界。从城市自身角度，应明确一定时期内城市性质、发展目标、发展规模、土地利用、空间布局以及各项建设的综合部署和实施措施。详细规划主要在总体规划的指导下，针对各项具体建设用地选定经济技术指标，提出用地控制与建筑艺术处理要求等。详细规划是总体规划的深化和具体化。

总体规划通过控制总量参数、分区管控规则、土地使用用途，以及空间形态等方面强化对详细规划的指导和管控要求，详细规划通过建立“街区—细分单元—地块—建筑”逐级传导的规划管控要求。因此，任何一个建筑设计都是在上位规划控制下（图则控制和指标控制），提出自身的建筑设计任务。在具体用地的规划控制时要考虑影响建筑设计的诸多要素，如基地、环境、功能、经济、技术、艺术造型和传统文化等。从建筑与环境的关系和建筑与人的关系来看，建筑处于从属地位。任何建筑都处于环境中，与周围环境形成某种联系，建筑需要有机地融入环境才能形成一个有机共生的一体。

建筑环境的构成因素是多种多样的，可分为外部环境和内部环境，也可分为空间环境、自然环境、历史环境和文化环境等。一栋建筑需要与所处的地域环境、自然环境、场所环境相协调，才能得到建筑存在的意义。建筑与环境的关系通过建筑密度、容积率、绿地率等指标控制，具体二维图示控制内容需要由图则标定完成，三维形态方面的控制则需要借助城市设计方法来实现。

1. 基本控制指标

（1）土地使用性质

土地使用是指土地的使用用途，也称为土地使用性质。根据《城市用地分类与规划建设用地标准》GB 50137—2011，城市建设用地共分为 8 大类、35 中类、44 小类。其中，大类包括：居住用地（R）、公共管理与公共服务用地（A）、商业服务业设施用地（B）、工业用地（M）物流仓储用地（W）、道路与交通设施用地（S）、公用设施用地（U）、绿地与广场用地（G）。

（2）建筑限高

建筑限高是指场地内建筑物的最高高度不得超过一定的高度限制，这一高度限制为建筑物室外地坪至建筑物顶部最高处之间的高差。

（3）建筑密度

建筑密度是指在用地范围内，建筑物的基底面积和用地总面积的比例（%）。

（4）容积率

容积率是土地使用强度指标，是指在用地范围内，地上总建筑面积和用地总面积的比率。

（5）绿地率

绿地率是指在用地范围内，绿地面积和用地总面积的比例（%）。

2. 主要界线控制

任何建筑设计任务，都会有上位的规划设计控制，在满足一定的控制要求之下方可进行建筑设计。其中，界线控制是体现规划管理价值最根本的部分。

道路红线：道路红线是指通过城市规划或道路系统专项规划确定的各等级城市道路的路幅边界控制线，包括快速路、主干路、次干路、支路及支路以下的城市道路。

用地红线：用地红线是围起某个地块的一些坐标点连成的线，红线内土地面积就是取得使用权的用地范围，是各类建筑工程项目用地的使用权属范围的边界线。

建筑控制线：是建筑物基底位置的控制线。用地红线可以与建筑控制线重合，但大多数情况下建筑控制线需退后用地红线一定距离。

3. 街墙界面控制

容积率、建筑密度和建筑高度都属于控制性详细规划中控制土地使用强度方面的指标体系。通过确定容积率、建筑密度和建筑高度可以控制场地内部的环境容量，既确保土地开发的经济性又确保良好的环境形态质量。

街道尺度：也叫街区尺度，主要是指由城市道路分割的街区地块的大小。

贴线率：是指建筑物贴建筑控制线的界面长度与建筑控制线长度的比值。贴线率（P）= 街墙立面线长度（B）/ 建筑控制线长度（L）×100%

街道高宽比（D/H）：街道街墙的宽度（D）与街墙高度（H）的比值。

6.2.2　规划条件提出

规划条件是城乡规划主管部门依据控制性详细规划，对建设用地以及建设工程提出的引导和控制，是依据规划进行建设的规定性和指导性意见。我国《城乡规划法》第三十八条规定：在城市、镇规划区内以出让方式提供国有土地使用权的，在国有土地使用权出让前，城市、县人民政府城乡规划主管部门应当依据控制性详细规划，提出出让地块的位置、使用性质、开发强度等规划条件，作为国有土地使用权出让合同的组成部分。未确定规划条件的地块，不得出让国有土地使用权。

6.2.3　建筑设计任务

一项建筑工程的批准，首先需要提交建筑设计任务书。在提出建筑设计任务书时，需要将控制性详细规划中的用地控制图作为条件图（包含地形图）与规划条件一并提出，用于指导建筑工程管理。

建筑设计任务书的主要内容包括：

（1）项目概况。项目名称、批复文件、用地概况等。用地概况，包括建设用地范围地形、场地内原有建筑物、构筑物、要求保留的树木及文物古迹的拆除和保留情况等。还应说明场地周围道路及建筑等环境情况。

（2）设计范围。设计阶段、设计内容、设计规模等。

（3）设计条件。用地位置、用地面积、地块性质、地块概况、相关技术经济指标、地块规划设计条件等。设计条件还包括工程所在地区的气象、地理条件，建设场地的工程地质条件；水、电、气、燃料等能源供应情况，公共设施和交通运输条件；用地、环保、卫生、消防、人防、抗震等要求和依据资料；材料供应及施工条件情况。

（4）设计依据。国家与地方相关法律、法规、规范、标准，上位及相关规划要求、政府相关批文、地形图等。

（5）设计要点。项目定位、设计理念、建筑功能、建筑面积、建筑形式、建筑配套等设计要求。这部分是设计项目的重点部分，说明对建筑功能及房间的组成要求、所需面积及房间数。

（6）设计成果要求。说明了有关制图要求的深度和表达内容。

（7）投资控制要求。项目设计标准及总投资。

（8）设计进度要求。

（9）相关附件。

6.3 建构条件

6.3.1 结构与形式

在之前的学习中，我们了解到建筑构成最重要的形式语言——体块、板片、杆件，这些要素的组合构成了形式表达的内容。“形式”一词用来描述三维空间的表现，是指各部分构成的纯粹关系。相较于形式，“形态”一词是对情景或事件的描述，是暂时、变化的，是指在一定条件下的表现形式。“结构”

一词则用来表示三维形式的基本骨架。结构解决力学可行性，建筑探讨形态多样性。

承重结构是指主要承受上部荷载，传递荷载给基础的主要结构构件，围护结构是建筑物及房间各面的围挡物，只承受自重，不承担荷载的传递作用。

1. 结构的类型

建筑结构是由板、梁、柱、墙、基础等建筑构件形成的具有一定空间功能，并能安全承受建筑物各种正常荷载作用的承载体系。建筑结构是结构材料力学性能的应用，不同材料的建筑结构具有不同的形式特点，对于建筑形式和风格具有很大的影响。建筑结构按承载结构来分，有墙承重结构、框架结构、剪力墙结构、框架—剪力墙结构、筒体结构和大跨度空间结构等。

1）平面结构体系

（1）承重墙（柱）结构

由承重墙（柱）、梁、板等结构构件组成的结构体系，是一种古老的结构体系。承重墙（柱）结构一般是指采用钢筋混凝土和砖或其他砌体砌筑的承重墙组成的结构体系，墙体本身既是围护结构又是承重结构。由于这种结构体系无法灵活地划分空间，所以一般用于功能比较单一、空间比较简单的建筑，如住宅、宿舍等。

（2）框架结构

框架结构是由梁和柱形成受力结构骨架的结构体系。梁和柱刚性连接形成骨架结构。框架结构本身并不能形成空间而是为建筑空间提供一个骨架，用墙体进行空间划分，由于墙体不用承重，且不用上下对位，所以可以创造开敞灵活的空间。例如，萨伏伊别墅的“底层架空”，巴塞罗那世博会德国馆的“流动空间”都是基于这一特点。

（3）桁架结构

桁架是人们为得到较大的跨度而创造的一种结构形式，它的最大特点是把整体受弯转化为局部构件受压或受拉，从而有效地发挥材料的受力性能，增加结构的跨度。然而桁架本身具有一定的空间高度，而且上弦一般呈两坡或曲线的形式，所以只适合于当作屋顶结构，此种结构多用于厂房、仓库等。

（4）拱形结构

拱形结构在人类建筑发展史上起到了极其重要的作用，历史上以拱形结构创造出的建筑艺术精品不胜枚举。拱形结构包括拱券、筒形拱、交叉拱和穹隆，它的受力特点是在竖向荷载的作用下产生向外的水平推力。材料主要受轴向的压力而基本不承受弯矩，因此可以跨越相当大的空间。同时利用不同的拱形单元可以组合成较为丰富的建筑空间。

（5）刚架结构

刚架结构是由水平或带坡度的横梁与柱由刚性节点连接而成的拱体或门式结构。门式刚架为一种传统的结构体系，具有受力简单、传力路径明确的特点。刚架结构根据受力弯矩的分布情况而具有与之相应的外形。弯矩大的部位截面大，弯矩小的部位截面小，这样就充分发挥了材料的潜力，因此刚架可以跨越较大的空间。刚架适合矩形平面，常用于厂房或单层、多层中型体育建筑，如体操馆、羽毛球馆等。

2）空间结构体系

（1）网架结构

网架结构是一种空间杆系结构，受力杆件通过节点按一定规律连接起来。节点一般设计成铰接，杆件主要承受轴力作用，杆件截面尺寸相对较小。这些空间交汇的杆件又互为支承，将受力杆件与支承系统有机地结合起来，因而用料经济。由于结构组合有规律，大量的杆和节点的形状、尺寸相同，便于工厂化生产，便于工地安装。

（2）悬索结构

悬索结构是利用张拉的钢索来承受荷载的一种柔性结构，具有跨度大、自重轻、节省材料等特点。同时，悬索结构可以覆盖多种多样的建筑平面，除矩形还有圆形、椭圆形、菱形乃至不规则平面，使用灵活性大、范围广。悬索结构建筑内部空间宽大宏伟又富有动感，外观造型变化多样，可创造出优美的建筑空间和体形。

（3）折板结构

折板结构是由许多薄平板以一定的角度相互整体连接而成的空间结构体系。折板结构既是板又是梁，其受弯能力和刚度稳定性均比较好。采用折板结构的建筑，其造型鲜明清晰，几何形体规律严整，尤其折板的阴影随日光移动，变化微妙，气氛独特。

（4）壳体结构

壳体结构是从自然界中鸟类的卵、贝壳、果壳中受到启发而创造出的一种空间薄壁结构。其特点是力学性能优越、刚度大、自重轻、用料省，而且曲线优美、形态多变，可单独使用、也可组合使用，适用于多种形式的平面。

（5）充气结构

利用尼龙薄膜、人造纤维或金属薄片等材料内部充气来作为建筑的屋面，这种结构称为充分结构。它自重极轻，可达到很大的跨度，安装、拆卸、运输均较方便。

（6）张拉膜结构

这种结构形式也称帐篷式结构，由撑杆、拉索和薄膜面层三部分组成，通过张拉，使薄膜面层呈反向的双曲面形式，从而达到空间稳定性。这种结构形式造型独特，安装方便，可用于某些非永久性建筑的屋顶或遮篷。

2. 材料与结构

建筑材料是受自然地理地质限制的，建筑结构则又受建筑材料的支配。希腊罗马古典建筑的形制，因其所用石料以致之。古埃及和古希腊用石材作梁柱结构，古罗马人发明了拱券技术，特别是十字拱技术使建筑的内部空间得到了解放。建筑技术的发展又促使新的建筑形式产生，创造了古罗马独特的建筑样式，深深地影响了整个欧洲，乃至整个世界。古罗马拱券技术与柱式结构的结合，创造了券柱式——用柱式替代拱券结构的笨重墙墩产生的券柱组合。可以说，在漫长的建筑发展中，人们不断进行结构技术、建造技术与建筑材料的突破，如哥特建筑骨架券和飞扶壁的使用，减轻了外墙承重；19 世纪钢铁和混凝土技术的发展，框架结构体系的应用彻底解放了建筑外墙，使建筑表皮材料成为可自由发挥的围护结构。

一座建筑物皆因材料而产生结构法，更因此结构而产生形式上之特征。以中国古建筑为例，中国古建筑始终保持木材为主要建筑材料，所以木作结构是其建筑的直接表现。“木作”一词最早见于北宋的《营造法式》，是中华传统制木工艺的习称。木作又有大木作和小木作两个系统之分。大木作，是指古代中国木构架建筑的主要结构部分，包括柱、梁、枋、檩等。小木作则概指木构家具及各类木器和精细的建筑装修，包括门窗、天花及建筑围合、室内隔断等。中国古代建筑经常被形容为“墙倒屋不塌”——只要梁柱不倒，房子就不会塌。因此，传统木作结构又被称为“梁柱式建筑”。

3. 结构与设计

在高年级《建筑设计原理》课程中我们会系统地学习建筑设计与建筑结构的关系。在这里仅需要了解建筑结构是建筑学中建筑技术的组成内容，是承受建筑荷载、支撑建筑形态的骨架。建筑结构与建筑设计是两个既相互独立又紧密联系的专业。从建筑结构与建筑设计的关系来看，建筑结构是解决坚固的问题，处于服务地位，由结构师根据建筑设计的需求进行结构设计。建筑设计解决功能、适用、美观的问题，处于主导地位，是统领水、暖、电、结构、设备等的龙头专业，由建筑师完成。建筑设计必须与建筑结构有机结合起来，相辅相成，才能创造出富有个性的建筑作品。

建筑形式与结构类型关系密切，不同的功能形式要求都需要有相应的结构方法来提供与功能相适应的空间形式。建筑设计一开始就应该把功能形式的要求和结构的科学性结合在一起。同时，结构设计还要满足精神和审美方面的要求，具有建筑美学的结构设计不仅能适应不同的功能形式的要求，而且也能够表现其独特的艺术表现力。例如，西班牙著名的建筑与土木工程师圣地亚哥·卡拉特拉瓦（Santiago Calatrava）以独特的结构形式风格，受到了国际建筑界的广泛认可，他的设计语言反复涉及自然界的各种主题：植物、动物或人体。他常常绘制一些运动中的人体和动物，以此抓住某些闪现的灵感。巧合的是，当人们观察他的建筑时，脑海中也能浮现出昆虫、鸟类、动物或是人体的解剖学细节。

总之，在大一的学习中，我们简单地理解最基本的结构知识，以便能够在相对合理的情况下进行设计。

6.3.2 材料与建造

建筑材料是指建造建筑物和构筑物所用的材料，是建筑工程的物质基础。建筑材料能够占到建筑工程总费用的60%以上，决定着建筑物的坚固、耐久、适用、经济和美观等性能。建筑材料涉及范围非常广泛，所有用于建筑物施工的原材料、半成品和各种构配件、零部件都可视为建筑材料。常见的建筑建造材料有木、砖、石、混凝土、钢等。我们日常所看到的一般是建筑的表皮材料，建筑表皮材料通过设计创造，无论是材质还是形式都具有一定的形态质感与空间韵律，建筑材料与建筑形式的结合创造了建筑形态的丰富美感。

1. 木

中国有几千年辉煌的木构文化历史，传统古建筑一般都是以木头为原料，将各类木构件的形式模块化，然后批量制造搭建起来的。可以说木材在中国建筑史的地位是举足轻重的。进入宋元明清时期，《营造法式》和《清式营造则例》的编著更系统地确定了官式木构建筑的做法。中国传统木构建筑属于梁柱式建筑，主要有三种结构类型：抬梁式、穿斗式、井干式。柱、梁是主要承重构件，斗拱是特有的结构构件。传统木构建筑的承重结构与围护结构分开，建筑的承重由木构架承托，墙只起到围护和分隔空间作用。传统木构建筑的缺点是怕火、怕潮、易腐蚀。

进入近代，许多新型建筑材料的应用使传统木构建筑文化受到极大的冲击，致其发展停滞不前。但是，从 20 世纪 80 年代开始，随着生态与人文关怀的思想兴起，木构建筑因其加工制造能耗低、可再生、易分解，再次受到人们的重视。木构建筑有着多样有趣的构造形式，并得益于木材易加工，构件组合方便的优点。木材强度低，作为抗弯构件时其跨度不会太大，由于树木尺寸的限制，构件尺度也不会太大。因此，小而密的构件就是木结构应用中常见的一种手法。由于构件尺度小，会给人以轻盈的感觉。现代木构建筑在新的技术手段和美学设计思想的影响下，出现了许多不同传统木建筑的表现形式。

木材的强重比[①]是混凝土的七分之一，木材同时也是柔性材料，具有很好的延性和弹性。木材的这种拥有坚固、易塑性的特质，再加上本身自带的纹理，拥有温润拙朴的美感，十分容易和周边环境融为一体，营造和谐自然的观感。由坂茂建筑事务所（ShigeruBan Architects）设计的蓬皮杜梅斯艺术中心新馆坐落于法国梅斯市的一座公园内。其总楼地板面积为 14000m^2，其中 6000m^2 用作展览场地。在几个独立的立方体体块上方，覆盖着一个六边形的木结构屋顶，将建筑的各个功能统一为整体。建筑屋顶采用了与编织工艺相仿的方式，让木构件彼此穿插叠加在一起。木构件既是结构受力构件，也是建筑纹理的直接表达者，让人倍感亲切。

2. 砖

砖是最古老的建筑材料之一，同时也是一种结构材料。砖用黏土塑形成块，烧制成形后用于砌筑。砖的种类繁多，以外形进行划分可分为黏土砖、灰砂砖、煤矸石砖、页岩砖等；按照制作过程中冷却方式的不同，又可分为青砖和红砖。对砖的运用贯穿于整个人类的历史，中国古代砖结构建筑则多出现在墓室和寺塔中，有砖墓室、砖塔、砖城、砖拱桥、砖窑洞等多种类型。

---

① 强重比又称比强度，是材料的强度（断开时单位面积所受的力）除以其表观密度。又被称为强度—重量比。比强度的国际单位为（N/m^2）/（kg/m^3）或 N · m/kg。

在砖石建筑的构造中，砖结构建筑的砌法有很多，其中比较有代表性的是叠涩和拱券。叠涩，是利用砖或石的抗压性能一层层相叠砌出，有时也用木材通过一层层堆叠向外挑出或收进，向外挑出时要承担上层的重量。例如，西安大雁塔、河南登封嵩岳寺塔都是密檐叠涩砖塔的代表性建筑。

拱券是一种建筑结构，是拱和券的合称。拱是弧形空间的整体，券可以理解为拱的基本单元。拱券是一种具有优良竖向承重性能的结构——拱券的建造充分利用了砖的抗压性能。砖说："我爱拱券"（路易斯・康），"砖的历史可以说就是拱券的历史"。不论是古代中国还是古罗马，砖发券起拱的技术不断创新，创造了各自砖石建筑的历史经典。除了古老的风格，设计师不断运用现代的设计手法，让砖砌建筑更加焕然一新，重新散发出迷人的气质，有时甚至让人惊叹不已（图 6-4、图 6-5）。

3. 混凝土

混凝土是一种神奇的建筑材料，混凝土的可塑性让它成为使用最为广泛、应用最为成功的结构材料之一。混凝土既可以是结构材料，用作梁、板、柱等承重构件材料，又具有立面装饰材料的效果。罗马人在长期的建筑实践过程中发现，火山喷发出来的灰尘与其中夹杂着石灰和碎石，经过水浇之后产生了板结现象，十分坚固，而且不透水。不同于早前使用大块石料建成的厚墙粗柱，罗马人开始用这种新材料建造出了大跨度的拱券和拱顶。到了 19 世纪，法国开始使用混凝土作为建筑立面的表现材料。此后，水泥的发明直接推动了混凝土材料的发展，此后混凝土的运用也日益广泛。

混凝土的可塑性使其产生了重要的美学价值。混凝土的成型过程是一个由动态变为静态的过程，混凝土的流动性使它可以依据模板而塑成任何形式。也

图 6-4　砖造型

图 6-5　现代砖建筑

就是说混凝土没有固定的形式，它的最终形态由模板决定，这就为建筑中的美学考虑提供了多种可能性。它的颜色、质感以及原料都能被廉价地大批量生产，又或者仔细塑造。伴随着科学技术的进步，新型的混凝土浇筑施工技艺及混凝土材料的新发展以及其被赋予的新的理解方式，正在影响着当代建筑师以及设计师。

现代主义建筑大师勒·柯布西耶尤其喜欢脱模后不加装修的清水钢筋混凝土，这种风格后被称为“粗野主义”。代表作品有马塞公寓、朗香教堂（图6-6）、昌迪加尔法院等。以朗香教堂为例，柯布西耶将其当作一件混凝土的雕塑作品加以塑造，这一作品的塑造让柯布西耶的设计风格脱离了理性主义，转到了浪漫主义与神秘主义之中。混凝土造就了一种奇特的雕塑化方案，曲率复杂的灰色屋顶覆盖在弯曲的墙面上，厚实微弯的墙壁支撑着砌筑结构。室内表现出混凝土的厚重墙面、不规则的空洞、彩色的玻璃，自然光投向室内，产生了宗教的神秘感。

有着“混凝土诗人”之称的日本建筑师安藤忠雄将混凝土运用到高度精练的层次，在其作品中，原本厚重粗糙的混凝土转化为细腻精致的纹理，近乎均质的质感呈现出清水混凝土诗学。清水混凝土具有朴实无华、自然沉稳的外观韵味，其与生俱来的厚重与清雅是一些现代建筑材料无法仿效和媲美的。安藤善于利用混凝土、木材、水、光、空间和自然，来展现建筑中非比寻常的美感。例如，安藤忠雄最具代表性的建筑项目之一光之教堂（图6-7），在这个现代极简的结构中，充分体现了他在自然与建筑间构建的哲学框架。1995年普利兹克奖评价安藤：“用最简单的几何样式、不断改变光的形状，为个体建筑创造出最丰富的微观景象。”

图6-6 朗香教堂

图6-7 光之教堂的清水混凝土材料表皮

4. 玻璃与钢

玻璃是现代社会中使用最为广泛、与人们生活最为密切的建筑材料之一。人类学会制造和使用玻璃已有上千年的历史，但是1000多年以来，玻璃作为建筑材料的发展是比较缓慢的。随着现代科学技术和玻璃技术的进步，人类第一次制造出大型均质平板玻璃后，才使它成了重要的建筑材料。此后，建筑玻璃的功能也不再仅仅是满足采光要求，而是要具有能调节光线、保温隔热、安全（防弹、防盗、防火、防辐射、防电磁波干扰）、艺术装饰等特性。

19世纪后半叶，玻璃已在一些重要建筑中被大量使用，例如位于巴黎、米兰等欧洲城市中心的画廊，以及铸铁构架的巨大温室等。在现代主义建筑发展中，许多建筑大师都广泛地运用了玻璃与钢材相结合的技术，这不仅在技术上作了创新，更是在设计形式上进行了突破，使人们的视线从钢筋混凝土建筑一下转向了玻璃与钢材相结合的后现代主义建筑。在世界各大洲的主要城市均建有宏伟华丽的玻璃幕墙建筑，如纽约世界贸易中心、汉考克中心大厦、西尔斯大厦都采用了玻璃幕墙。

在现代建筑中，钢被认为是力学和美学结合的完美建筑材料。在建筑设计中，很多建筑概念都是用钢结构支撑和表达的。结构就像是建筑的骨骼，同时赋予建筑力的美感和形式化的空间体验。所谓钢结构建筑是指由钢板、型钢、钢管、钢绳、钢束等钢构件，用焊、铆、螺栓等方式连接而成的建筑。钢结构建筑是一种新型的建筑体系，在高层、超高层建筑上的运用日益成熟，逐渐成为主流的建筑工艺。钢结构建筑与传统的混凝土建筑相比，强度更高，抗震性更好，而且构件可以工厂化制作，现场安装，大大减少工期。同时，钢材可以重复利用，减少了建筑垃圾，更加绿色环保。

“玻璃与钢的交叉与结合，是虚与实的对比；让建筑物变幻无穷、沉稳又不失灵活，更具有视觉冲击力”。玻璃与钢材的组合既具有古典式的均衡，又具有极简的风格，它突破了传统砖石承重结构必然造成的封闭的、孤立的室内空间形式，采取一种开放的、连绵不断的空间划分方式，更具有通透、灵活、方便的现代特性。玻璃与钢形态构成特点可概括为：

（1）网织空间

自然界中有许多网织的空间结构，如蜘蛛的网、鸟的巢穴等。玻璃与钢的相互配合能够构成这一空间体系的形态仿生。

（2）轻盈表皮

钢材的编织和玻璃的通透组合适合构造轻巧质地和均匀曲度的结构。这种结构表达的特点就是外应力分布在外表层，建筑表皮形态轻盈而别致（图 6-8）。

（3）精致构件

玻璃与钢的组合可以表达精致细腻的力学传导，每一条钢筋的承力角度都成为"富有诗意的结构体系和动感的整体效果"（图 6-9）。

图 6-8　玻璃与钢结构的轻盈表皮

图 6-9　钢结构的精致构件

5. 新型材料

新型建筑材料是区别于传统的砖瓦、灰砂石等建材的建筑材料新品种，行业内将新型建筑材料的范围作了明确的界定，即新型建筑材料主要包括新型墙体材料、新型防水密封材料、新型保温隔热材料和装饰装修材料四大类。因为建筑材料的运用直接关系到结构的选取，进而决定建筑形式和美学价值。新型建筑材料几乎都具有轻质、高强度、保温、节能、节土、装饰等优良特性，选用新型合理工程材料可直接降低工程的投资，且可降低项目整体维护费用。

6.3.3　光影与空间

1. 光影的作用

光线是一种外部条件，在建筑的设计表达上，通常强调建筑的主次突出，这需要光影层次的衬托。光影变化会对人的空间感受的形成产生重要的影响。建筑大师贝聿铭曾说："让光来做设计。建筑艺术需要光影的表现，光影是建筑空间不可或缺的重要元素。"英国建筑师诺曼·福斯特说："自然光在不断变化，光线可以使建筑充满特色。"人类对于光线的追求是与生俱来的，而建筑空间作为人类栖居的场所，其中的光影不仅给人带来视觉上的感受，还能左右人在情感层面的空间体验。

（1）光影可以作为空间的限定材料，塑造、限定空间

光线作为一种视觉语言，其设计的根本原则，首先就是功能性与使用性。路易斯·康说过，设计空间就是设计光亮。光可以塑造空间形体，分割空间、改变空间、诠释空间，创造空间区域感，从而起到空间限定的作用。光影能限定空间的形状、体积、材质、颜色、规模、质地、节奏、韵律、比例等。光照到物体的表面勾勒出它们的轮廓，显示出材质感。光线的变化会对空间的表现、虚实强弱、比例形状的感觉都产生变化。光强的部位视感清晰、光弱的部位视感模糊，所以空间就增加了深度感、立体感、层次感、秩序感，从而表达出完整的空间体系。

（2）光影作为装饰要素可以营造气氛，引导空间秩序

在建筑设计中，光影极具艺术表现力，通过光线对不同空间性格的塑造，能够起到营造意境、渲染氛围，引导空间秩序的作用和效果。意境是美学上的概念，即通过对审美意象的组合，来达到某种审美趣味的一致性，构造出某种审美上的状态，比如阳刚、阴柔、幽远等，这些都可以称之为一种意境。建筑设计中利用光影创造意境的例子有很多，例如，被公认为20世纪建筑艺术奇葩的朗香教堂，利用迷离的光营造出诗意的、雕塑般的空间，创造了一个可集中精神和提供冥想的容器。

（3）光线还可以起到空间连接和强化空间渗透的作用

我们提到过流动空间的概念，而流动空间的实际感受则是由形体赋予光线渗透的作用来实现的。安藤忠雄曾经这样形容光线渗透的景象：透过它们，光安静地向室内射来，与黑暗搅和在一起产生了一个单色退晕的效果。光线的渗透也起到了与自然部分联系的作用，透明的立面能够使建筑与自然有机联系、融为一体。而建筑材料的半透明性会形成朦胧的渗透空间，或产生若隐若现的美感。我们也强调过实现建筑与环境的融合是通过“我中有你，你中有我”的空间渗透来实现的，而这一任务亦是由形体赋予光线来完成的。

2. 光影的设计

光影与空间具有相似性，它们都客观存在，但是光没有实体，需要与建筑共同创造空间、改变空间，甚至解释空间。这样光就成为一种建筑语言，可以限定空间、表现材质、渲染气氛、塑造个性。

（1）通过自然光线的动态变化来增强建筑表现力

光是动态变化的，光线的变化会使空间比例和形状发生变化，或使室内空间变得更加丰富多彩，给人以多种感受。安藤忠雄说过："光使物体的存在成为可能，在建筑空间中，一束光停留在表面，阴影在背景中，两者都随着时间的推移而变化，物体的形象也在变化。"因此，光可以看成是一种装饰空间与时间的建筑材料。光与影的有机融合，丰富了建筑空间，增加了建筑的表现力，给人们带来了全新的视觉变化。日光的强度随着时间和季节的变化而变化，其颜色、特征和质量也随时间、季节、位置和角度的变化而变化（图 6-10）。

（2）通过自然光线的刻画来获得清晰的形式现象

我们要学会运用自然光线表达特定的建筑空间效果。人们总是喜欢自然美，因此人们经常将自然界的阳光直射到建筑物内，将黑暗的室内照亮，阳光形成柔和的散射光，以使空间更自然。"在奇伟的空间中，光线的变化好似在描述和刻画形式"。光影的创造利用会形成不同心理感受的空间形式现象——例如光之教堂的设计，尽头处的墙壁留出缝隙，长度 18m，宽度只有 6m，透出十字形的光。当十字架形状的光线射进教堂，人们可以面对光进行思考，由于光的介入，建筑的形式变得神圣。正是这点保证了教堂中的人们能够在呈现出强烈几何对称性的教堂结构中体会到意识现象的存在（图 6-11）。

图 6-10　光影对空间的丰富性与表现力

（3）通过窗洞和墙体的变化塑造体积感和通透感

窗洞、墙体是引进或割断光线、制造阴影的主要介质。墙体创造阴影，门与窗使光线进入室内空间。有阴影的衬托才有空间的体积感，光线使形式得以成为建筑体（图 6-12）。玻璃的通透感塑造了“透明性”的空间，形成了空间的渗透与模糊性，同样定义了更加丰富的空间网络、空间层次和形态关系。与历史建筑相比，现代建筑工业化和标准化的生产方式，以及现代人工合成的材料都减弱了人们对建筑的丰富情感和变化生动的光影感受。与之相比，没有变化的明亮光线，如同均质没有变化的空间，容易减弱存在的体验，会抹去场所的感觉，使得想象变得迟钝。

（4）通过光影的塑造形成空间的节奏感和秩序感

光对空间秩序感的营造具有极其重要的作用，成为营造与限定空间的重要要素。在光影秩序中，光线的引入结合形体的韵律感，强化了空间的节奏和秩序感。光和实体构成一样，在表现空间概念、渲染空间气氛的同时，也能塑造空间形态。无论天然光影与人工光影，都起到了构筑空间的作用。例如，在单调的走

图 6-11　光之教堂

图 6-12　光线的空间渗透作用

廊中，有韵律投射的光线分割了空间，限定了空间韵律的渐进层次，故空间有了深度感和层次感。通常人工光线限定的空间其实只是一个虚空间，是一个心理领域，通过自然光线的引入或人工光线的辅助则能更好地体现建筑空间丰富的形态关系（图 6-13）。

图 6-13　光影塑造空间韵律和秩序感

（5）探索空间和时间的建筑动态表皮的光影变化

当代一些先驱建筑师认为，建筑表皮应当具有随外界环境变化而自动变化以适应外部环境的能力。随着现代材料与构造技术的不断发展和丰富，越来越多的建筑设计开始采用动态表皮或者说可调节式表皮这种新方式。例如，作为艺术效果呈现的布里斯班机场的风动幕墙，就是一处典型案例。风动式幕墙又称风铃式幕墙，其原理是利用动力式风力来模拟风吹的效果。风动结构比较简单，通常采用不锈钢拉索将金属风动片串联起来，将其单边固定在风动片上，限制其只能向一个方向运动。使墙壁在空中随风飘舞，尽显轻盈灵动、自然流畅，这样风动幕墙就产生了如银幕般的动态光影效果。

3. 渲染的表现

有光线的条件才有建筑美的表现。光的另一种表达是影，阴影赋予了空间概念的向度，“时间借助阴影停留在空间的向度里，阴影也度量了时间在空间中的长度”。光与影的构成赋予了艺术性的启迪，也赋予了艺术一种理性的生命。每当光线在不同时段进入客体空间时，就改变了客体的空间关系，赋予了客体新的艺术构成。

“渲染”一词的英文是“rendering”。在建筑设计中，建筑表现是对建筑设计思想的虚拟表达，包括在艺术与技术方面的模拟呈现。建筑渲染因其对造型、色彩、光影的准确把握而承载着整个建筑表现的重要精髓，同时，建筑渲染还可作为设计者与用户沟通交互的工具媒介。建筑渲染可分为人工渲染和软件渲染。随着计算机辅助技术的进步，软件渲染对于设计及构思的精准表达及细节的艺术呈现有着至关重要的作用。在学生学习之初，练习人工渲染是学习体验建筑的重要方式。从绘画材料来说，人工渲染可以分为水墨渲染、水彩渲染、水粉渲染、马克笔渲染等。

建筑渲染需要表达建筑的光影、材质、形体、环境。现在的建筑基础教学通常选用水彩渲染作为基本渲染练习内容。以均匀的运笔表现均匀的着色是水彩渲

图 6-14　建筑渲染

（图片来源：东北大学江河建筑学院建筑类 2012 级张玉萌）

染的基本特征。着色技法包括“平涂”和“退晕”两种。建筑水彩渲染与水彩画不同，其所画出的色彩强调均匀而无笔触，加上水彩颜料是透明色，使得这种方法特别适合运用在设计图中。没有笔触、均匀而透明的色彩附着在墨线图上，各种精确的墨线依然清晰可见，墨线与色彩互相衬托，有相得益彰的效果。水彩渲染可以反复叠加。叠加后的色彩显得沉着，有厚重感，能够表现复杂的色彩层次。在表现图中有时会将水彩渲染与水彩画结合，对所描绘的形象进行深入细致的刻画。作为“建筑画”的一种表现技法，水彩渲染有着独特的艺术魅力（图 6-14）。

光影关系则是建筑渲染图的灵魂与精髓。“光”与“影”是具有反义含义的两个字，光是指投射到物体表面的自然光或人造光，影是指物体在光的照射下产生出的物体的投影。光线只能够提供明亮，但影是对物象的精致刻画。建筑渲染图中对光影的营造与表现突出了建筑的丰富形态和创作主旨。建筑渲染中的光影也是主体创作的一部分，光影使建筑渲染富于艺术表现力和艺术效果，同时，光影作为建筑渲染的构成要素和视觉形式，对于建筑设计自身也有着重要的审美意义。

4. 建筑摄影

客观世界中蕴含了许多美的规律，艺术家喜欢用摄影的方式记录这种美。摄影师就是要研究在摄影画面上表现形式结构，使之符合视觉审美经验和形式美法则。建筑形态的光影表现，通常通过建筑摄影来获取。

建筑师和摄影师均是通过二维空间的平面形式（前者为图纸，后者为照片）来表现建筑的。建筑师在绘制透视图时，视平线的高低是可以根据图面需要而上下移动的，但无论是鸟瞰还是仰视，在最常见的一点和二点透视图中，原本垂直地面的墙面和柱子等垂直线条在图画中始终可保持垂直，这种设计特性也基本决定了建筑摄影的要求，即以平视取景（垂直线条在照片中仍保持垂直）所获得的画面效果。

在建筑摄影中，平视是人们最常用的视角，平视所看到的建筑最自然、最真实，也最容易被人们接受（刻意用倾斜线来表达视觉的冲击或追求戏剧性构图的作品除外）。建筑摄影不但要表现出建筑的空间、层次、质感、色彩和环境，更重要的是作品必须保持视觉上的真实性，作品要求既追求表达建筑美学上的艺术性，捕捉光影变化中的瞬间美，还要把人们看到的横平竖直的建筑物表现在照片上。这就是建筑摄影既不同于纪实摄影、又不同于艺术摄影的创作要求。

（1）保持水平

无论是使用移轴相机还是普通相机，拍摄建筑时一定要保持水平，以保持其稳定，避免照片中建筑物变形失真。

（2）取景构图

由于建筑物具有不可移动性，选好拍摄点对取景构图就尤为重要。拍摄点应有利于表现建筑的空间、层次和环境。

（3）正确用光

正确用光的含义是指控制光的方向、强度和品质，既要表现出受光面材料的纹理质感，又要能显示出阴影凹处的深度而又不失凹处的细节。

（4）清晰细腻

保证影像清晰细腻是建筑摄影的根本，最有效的方法就是精确对焦，并用小光圈来加大景深，另外还要使相机稳定。

6.3.4 文本与建筑

建筑作为一种艺术形式，不仅仅是为了满足人们的生活需求，更是为了表达人类的审美情感和文化价值。建筑师们通过设计建筑物的形式、结构、材料等方面，来表达他们对于美的追求和对于文化的理解。建筑和城市都可视为一种文本，如同一种文本创作形式。而文学、电影等作为一种艺术形式，同样是为了表达人类的情感和思想，通过文字、声音或图像的表达，来传递他们对于人生、社会、文化等方面的思考和感悟。基于同样的理解，建筑师们将艺术经验视觉化，建筑创作类似文本表达的过程，普通民众亦能从建筑表达中得到启示，从而对建筑文本产生不同的理解。

文本转译是指从文本情境到建筑空间的物化表达。文本转译为切入点，对想象（概念）中城市、空间、建筑进行分析和解读，继而构建出一个想象的空间，一个清晰的结构，诠释一个独特的形式建构。从文本情境到建筑空间的转译，符合从设计概念到形式生成的基本规律，符合建筑创作的基本思维方式。通过文本转译能够引导大家理解不同文化中的文本与建筑艺术之间的关联，提炼出文本概念与建筑空间建构之间的逻辑关系。与物态抽象相反，文本转译是建筑设计的一种构思维度，从抽象到具象，而物态抽象则是从具象到抽象，回归到艺术的抽象还原。

建筑师的思维往往处于一个文本表达的情境中，不仅仅包括建筑文本自身的结构、材料、形式，及对其生成环境的响应，建筑设计更接近于某种文本情境的物化转译、空间生成。例如，利伯斯金设计的帝国战争博物馆就是一个典型的在设计概念发展中引入抽象意义的代表。这个建筑以“被粉碎成碎片的却又充满混乱和秩序的现代世界”为设计概念，从一种全新视角向人们展示博物馆除了陈列和珍藏人类历史上的贵重物品之外，在新秩序上的更大意义。该建筑由三个曲面的大型厚板状体块相互穿插、叠加而成，在概念的发展过程中，里伯斯金赋予了这三个大型体块不同的象征意义。它们都是由地球表面的碎片组成，分别代表天空、陆地及海洋，通过这种象征，暗喻 20 世纪的帝国主义战争从陆海空各个方面对地球所造成的破坏（图 6-15、图 6-16）。

图 6-15　帝国战争博物馆草图

图 6-16　帝国战争博物馆

6.4 情境转译单元任务

6.4.1 单元设定

单元设定：万物相生——条件的限定。

（1）场所环境识别分析。识别外部空间环境，感受外部空间尺度关系。

（2）外部空间构成设计。在自然中框定空间、形成外部空间构成秩序。

（3）设计表现图纸与模型制作。

6.4.2 理解重点

1. 理解空间环境的综合要素限定

（1）理解场所空间，熟悉空间环境，能够结合具体城市空间体验道路、场地、建筑形态、尺度关系。

（2）理解道路红线、街道断面，以及各种实线、虚线的实际意义与作用，明确道路、路侧人行道、行道树、景观树、草地、场地铺装等的总平面绘制。

（3）理解结构、材料和光线对形态构成的影响与限定。

2. 理解场地设计与环境行为关系

（1）理解人群的行为需求和场地使用的关系。

（2）理解车行、人行流线和场地规划的关系。

3. 理解设计在精神与社会层面的意义

（1）认识到从精神文化和社会层面对建筑进行价值思考比从单纯的形式构成层面的构建要更具有生命力。

（2）理解文本情境的物化转译思维。

6.4.3 单元目标

1. 知识目标

（1）理解城市与建筑、用地与环境、场地与设计的关联关系。

（2）进一步明确特定情境思维下设计转译生成及其构成逻辑。

2. 能力目标

（1）初步形成特定情境思维下形式空间生成的具象表达能力。

（2）初步形成具体形式构建对环境关联关系的设计响应能力。

3. 素养目标

（1）培养学生热爱自然与生活，爱护环境，具有良好的审美情趣，并具备表现美、创造美的能力。

（2）使学生掌握环境响应的基础知识，并发展观察、记忆、想象、抽象等创造能力，养成良好思维习惯。

6.4.4 单元模块的设计

1. 作业内容

选题：校车候车亭设计或校园交流展示空间构成设计

（1）总体内容

首先，进行基地选址，通过熟悉校园环境与场地条件，结合设计范围完成现场测量，将现状校园环境的识别转换成基地平面图的表达方式，进而形成设计概念，完成外部空间构成设计及相关图纸分析与设计表现、模型制作等。

（2）具体设计

校车候车亭空间构成设计：

在 25m × 25m 设计范围内，结合校车候车亭的功能设定，以立体构成的方式，完成外部空间构成设计，明确外部空间形式界定，满足场所空间休憩、交谈、遮阳、避雨等相关功能。

2. 作业要求

（1）700mm × 500mm 水彩纸色彩渲染成果图 1 张，内缩 10mm 的白边。

（2）图纸内容：设计概念说明或图示、简要设计说明、现状分析图、总平面图、立面图、剖面图、设计分析图、透视效果图等。

（3）白色卡纸模型一个，底座尺寸为 400mm × 400mm × 20mm，底座的颜色统一为黑色。模型的制作要能够体现设计内容与邻近关联要素的形态关系（图 6-17、图 6-18）。

图 6-17　景观构成设计——停车亭设计一

（图片来源：东北大学江河建筑学院建筑类 2022 级费红天）

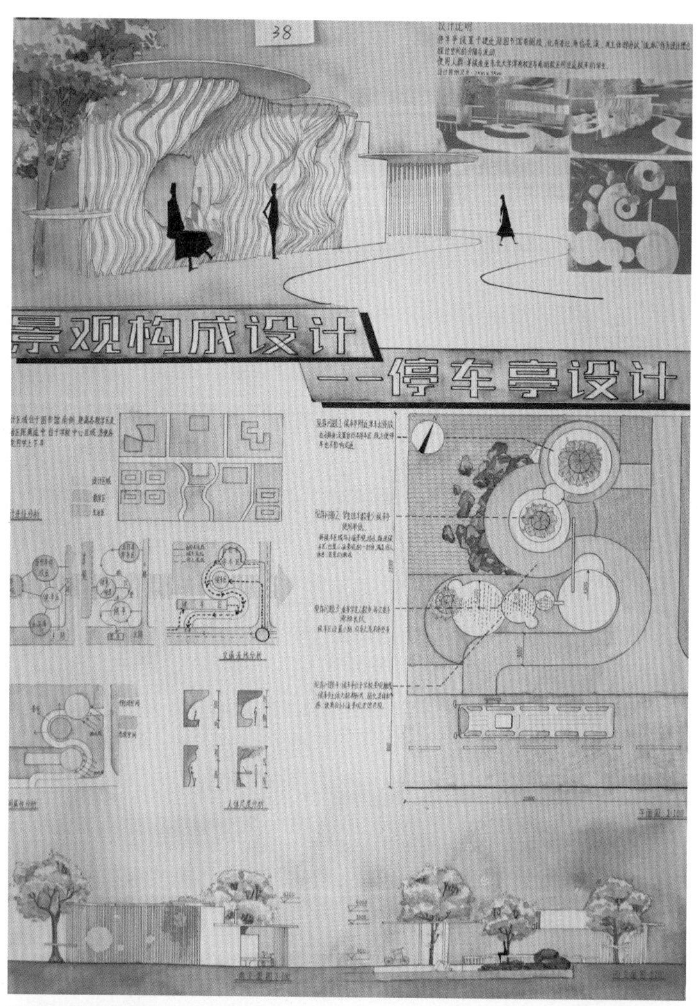

图 6-18　景观构成设计——停车亭设计二

（图片来源：东北大学江河建筑学院建筑类 2022 级张馨月）

第七章　建筑生成：空间的建构

在前面章节的学习中，我们使用构成的方法，运用体块、板片、杆件完成了形式现象的构成训练。在本单元的学习中，我们将进一步完成从形式现象向建筑生成的转化。在第六章形态构成的设计练习中所运用的形式要素（杆件、板片和体块）强化了具体的空间形式、人体尺度和环境对话的相关理解。在本单元的学习中，我们进一步将这些形式要素建筑化，以期形成更加完整意义的建筑生成。

7.1　建构的意义

7.1.1　建构的概念

关于建构，哈佛大学的赛克勒曾指出，当一个结构概念通过构造的过程得以实施后，它的视觉成果会具有一些特定的表现性特质，这些表现性特质与建筑中力的传递和构件的相应布置无关……这些力的形式关系的表现性特质应该用建构一词。建构是一种表现性的表达，但它与结构和构造相关。冯纪忠强化了建构的形态创造的意涵——组织材料成物并表达感情，透露感情。朱涛认为建构是："对建筑结构的忠实体现和对建造逻辑的清晰表达。"建构一词无法与技术一词分离，但又不仅仅是建造技术的问题。肯尼思·弗兰姆普敦把建构称为"诗意的建造"，或者说是"建造的诗学"。

早在19世纪，德国学者散普尔就曾将建筑建造体系区分为宽泛两大类：一是框架的建构学（tectonic），一组线性构件联结起来围护出空间；二是固体的“切石术”（stereotomic），通过对承重构件的砌筑或切挖获得体量和空间。第一种最常见的材料为木头和类似质感的竹子、藤条、编篮技艺等；第二种常用的材料是砖、夯土、石头、混凝土等。在建构的表现上，前者倾向于向空中延展和体量的非物质化，而后者倾向于地面，将自身厚重的体量深深地埋入大地。通过对这两个建造体系的不同界定，我们也可以理解建构中构件联结的构成学含义。

7.1.2 建构与构造

“建构”一词，拆开解释就是建筑构造。任何建筑都是由各种构件建构而成的，也就是说，构造考虑具体用什么材料、用什么方法来实现，是指对一个结构原则或系统的具体物质性实施。建筑构造是一门专门研究建筑物各组成部分的构造原理和构造方法的学科。包括隐性的技术构造和显性的形式关联构造。例如，建筑基础的受力特点及构造形式，墙体承重防潮隔热的构造形式，楼板层承受荷载及具备一定隔声、防火、防水、防潮的构造形式等。

在实体建构中，我们需要理解材料与构成的关系，既要考虑不同材料的物理特性，以及材料给人的情感表达，并准确地呈现建构的表达性特质，还要考虑构件的连接、穿插、组合等。例如，木材的实体建构，木材建筑属于杆件建构的范畴，具有很好的表现性特质，木构件通过构造向实体搭建实现过渡。传统木建筑的榫卯做法就是一种构造方法，相关组件通过榫卯固定对象连接形成木构。中国古建中斗拱的构造做法最具代表性，斗拱构件通过多种构造排列有序而层叠错落，给人一种层次美感，形成了中国古建最具特色的部分。

总之，在建筑设计的学习中，我们需要解析构成要素形式关联构造的连接固定，需要考虑构成要素的形式美感和具体做法，以实现整体造型的合理搭建。

7.1.3 建构的实训

1. 建构的操作

建构包括设计、构建、建造等内容，是一个三位一体的集合，是一个整体的、全过程的综合反映。与建构相对的概念是解构，解构破坏了事物作为一个整体的意义，使整体变换为更加细碎的意义之和。受法国哲学家德里达的文字和他解构的想法的影响，20 世纪 80 年代晚期曾出现了一些尝试颠覆和拆解的解构主义建筑作品。例如，表意草图案例讲解的弗兰克·盖里的华特迪士尼音乐厅设计，作为盖里设计的最后一个作品，其被认为是世界上最壮观的解构主义建筑。比较而言，解构着重在对各文本间的剖析、阅读，是破坏性地洞察事物的本质，而建构着重在系统的建立，解构看到的是树枝和树叶，而建构看到的是一棵树。

建构作为一种设计方法，强调的是建立和形成的概念，用材料来搭建以创造空间——这就是建筑活动的本质。其实，解构也是一种“建构”，只不过其建构逻辑是不同的。建构的研究把空间和建造的表达作为一个重要的设计目标，建构方法的核心是用模型直接来构思和设计，基本的建构方法包括排列、组合、插接、编织等。通过实体建构，设计者对建筑材料的操作成为建筑表达的主体内容，实体建构（建构的实训）提供了用实际的材料进行“建造”的直接体验。建构和空间是同时发生的，两者在建筑活动中是不可分割的统一体。

实体建构的基本步骤如下：

（1）设计构思

建立概念，生成形态。创意的设计要兼具审美性和实用性，选用合适的材料，重点研究基本形与整体形态的关系及其搭建方式。

（2）草图推敲

草图的图纸表达侧重对模型形态的设计立意与构思推敲。草图是具象化创意设计的重要方面，易于表达及构思。

（3）草模试做

草模阶段则侧重对基本形、结构和连接方式、结构体系的逻辑推敲。草模使用简单易加工的材料，缩小比例，用以推敲模型的总体形态。

（4）软件模拟

在建构过程中，借助模型软件推敲模型形态，可以帮助学生更好地分析效果，且能够在建构之前就引发学生学习的兴趣，激发学生的建构动机。

（5）实体搭建

首先要对建构材料进行切割组装，构建基本形。在对切割后的构件进行组装时要充分利用工具进行测量，以确保制作精度。组合成型前要对构件的连接方式、整体结构的稳定性和组合搭建顺序进行充分的论证，必要时利用计算机软件进行分解演示。最后，实体组合搭建完成后进行接缝打磨和整体修改以确保整体搭建的精良美观。

2. 建构的练习

从概念建立到实体建构。实体建构的目的是让学生通过建造实践获得对材料性能、建造方式、结构体系、搭建过程的感性体验及理性理解，达到实践教学的目的。实体建构在建筑设计能力的形成中有着十分重要的实践意义，它能使设计获得一种具体化形象的表达，能使学生直观理解设计与构造、结构的关系，从而理性思考建筑技术与艺术创作的结合。实体建构是将头脑中的具象构思转化为可视实物的过程，构思只有被实现才能够被判定为真实的设计经验，这对只能“纸上谈兵”的学生设计“小白”而言，冲击力是巨大的。同时，设计需要学生将空间实用性与形态美观性有机结合，认识构成手法在实际造型中的实现过程，这一过程存在很多试错的可能性，对于初次尝试的学生而言，充满了艰辛与挑战。

（1）基本形练习

基本形是立体构成的基本造型元素，根据点材、面材、线材和块材的不同构成方式而有不同的基本形创造。以面材为例，面材可以有硬质面材和软质面材，其中，硬质面材如白板纸、瓦楞纸等，软质面材如纺织纤维、软塑料等。在硬质面材中，可以通过折叠、弯曲、切割、插粘等加工造型方法形成基本形，进而可尝试搭接关系的造型练习。

（2）搭建练习

立体构成基本形的连接也是造型方法，可分为榫接、焊接、插接、嵌合等。榫接连接双方，一方做出凹口，一方做出凸榫，形成类似榫卯的造型形式，叫作榫接；焊接是连接金属的方法，通过加热融化或加压或两者并用，形成永久连接的方法；插接是指在单元面材上切出插缝，然后互相插接，通过基本形的相互钳制而构成立体形态；嵌合是一种两个形体互相阴阳咬合的结构形式，其元素可以是面片构成，或几何形或有机形，也可以是体块构成，或三维曲面，嵌合时多个体块相互结合，从而形成丰富的立体构成形态。

（3）拼贴练习

拼贴练习是从模型材料到建筑材料的研究之间转换的桥梁，它强调了建构表达这个核心问题。拼贴练习可以在Sketch Up中进行，也可以在真实模型中完成。学生通过体会材料的物理属性来决定用法，在此过程中充分思考如何合理地使用材料及组合，如何形成个性化的空间建造。拼贴练习要求在模型的空间结构中结合界面形式拼贴，展现不同材料表达的空间效果。界面形式拼贴可以采用同形异质，所谓同形异质是指组成拼贴界面的元素形状相同或相似，但形态或材质及艺术创造方法则有明显的差异。

（4）整体搭建

在完成了全部的基本练习和方案准备之后就需要进行实体搭建了。不得不说，实体搭建是一项艰苦的工作。如果我们有一台3D打印机可以任意打印任何天马行空的作品的话，那一切就变得简单了，然而，事实上，我们不得不回归工匠精神，使用最原始的工具，选取适宜的材料，做好基本形及整体形态的设计预案，研究基本形的搭接方式，研究受力结构系统的稳定性等。最为关键的工作是，要通过团队讨论获得一个大家认同的设计概念，并将这一设计概念转化为具体的形态建构。

7.2　设计的方法

建筑在本质上更注重形态的表现性，通过建构融合了结构形式与材料表现，满足了特定的功能，并通过施工建造来实现。在从建构到建筑的过程中，建筑创作的形式是可以是多变的（多方案比较），而功能的需求却是相对稳定的。可以说，建筑空间的形式是由功能需求决定的，人们对建筑功能内容内涵的不断追求，也推动着建筑形式的不断发展。同时，空间形式对功能具有一定的反作用，新的空间形式的诞生，在一定程度上也促进着建筑功能的进一步提升。下面我们通过系统思维和类型思维来引导学生形成基本的设计构思方法。

7.2.1　逻辑的建立

客观事物是多方面相互联系、发展变化的有机整体。系统思维就是人们运用系统观点，对设计对象互相联系条件的各个方面进行系统认识的一种思维方法。

1. 系统性思维

（1）从整体到局部

设计之初应先从整体的视角进行综合审视，从中找出宏观环境对设计的规定性，微观的设计应该是宏观整体规定性的设计响应。

对于设计自身而言，既有建筑师个性的表达也需要对环境做出正确响应。对于建筑形态的构思，人们也总是先从整体形成意象，然后再逐步敲定细节，最后从基本空间单元进行构建，这是设计创作的基本程序。

（2）从共生到对话

从共生到对话是一种循序渐进的设计思考、情境合一的设计态度，是设计师对环境、空间、文化的统筹考量。正如万物相生，归经同属，我们必须找到彼此和谐的存在方式才是设计之道。

具体而言，设计是满足一定情境需求与塑造一定场所精神的自我表达系统，也是个性化的创作。

（3）从二维到三维

如果说从整体到局部是一种主动的空间生成方式，那么从二维到三维则是一种被动的形态生成方式。具体的设计必须首先处理好二维的空间关系，首先是城市的用地布局，其次是场地设计，再次是建筑的平面功能。只有处理好这些二维的功能关系才能有合理的三维空间形态。

2. 框架性思维

框架性思维也可称为思维的框架，起到纲举目张的作用。

（1）结构的明确

设计之初需要建立并确定系统性关系的结构性框架，我们也可称为结构性思考。例如，明确主要对外通道、建筑出入口、主要立面、主要功能布局、基本形体关系等。这些问题一经确定，能够明确设计的主旨方向。

（2）逻辑的建立

设计的逻辑是解答我们为什么要这样设计，设计需要遵循哪些重要原则。设计的逻辑是建筑师自身知识体系构建的生成响应系统。例如，建筑的相关界面、空间形式要与周边环境形成设计的因果逻辑，建筑的形成与主要景观轴线的对景关系，建筑对环境的借景关系，强化建筑之间、建筑与景观的渗透协调关系等。

（3）要素的建构

要素的构建是指运用建筑构成要素形成表现性特质，强化与空间环境、邻近建筑相协调的形式创造。要素的建构需要运用空间构成的方法，理解并确立“形体—要素”的空间构成关系。这与抽象构成作业的命题原理相似——体块减法的分割、线面层次的界定、面体组合的聚散等。

7.2.2　形体的组合

丰富的形态表达可以归类为一些基本的形体组合方式。在这里我们参考相关文献梳理形式分类，以利于理解。

1. 形体组合的类型

（1）集中式空间

集中式空间是一个稳定的向心式构成，一般由一定数量的次要空间围绕一个中心的主导空间形成。集中式空间构成一般表现为规则的、稳定的，立面形态一般也表现为对称的、严谨的。集中式空间的主体空间可能形成中心对称的，也可能形成主次分布的，还可能在单一形式下完成功能与形态的组织。

（2）串联式空间

串联式空间是由若干单体空间按一定方向相连接，次序明确，形成相互串联的空间序列。具有明显的方向性，人们依次通过各部分空间。例如，展览馆、纪念馆、陈列馆等建筑类型，因基本空间单元的功能用途类似，一般都适合于采用串联式的空间组合方式。

（3）放射式空间

放射式空间为集中式与串联式两种构成的结合，是以一个集中的核心元素作为枢纽空间，向外伸展重复的次要空间的构成手法。建筑设计中常见的“风车式”平面构图方法也可视为放射式空间。

（4）组团式空间

组团式一般将不同功能分区单独组织，独立而分离，形成不同的空间单元，并按照一定的空间关系和形态规则形成群体形态的构成组织。单元之间关系松散、相对独立，具有共同的或相近的形态特征。常见的庭院式建筑属于这种组合方式。

2. 构图组织的方法

构图组织的方法有轴线序列法、母题重复法、网格限定法和模数控制法。前两个方法在群体建筑设计或城市设计中运用较多，后两个方法适合于常规的单体建筑设计。

（1）轴线序列法

轴线是建筑空间组合的最基本方法，随着行为流线的递进，会形成一定的空间序列，无论是建筑内部空间、群体建筑空间、还是城市空间组织都存在这一

"虚存线"。轴线的处理方法一般是直线的，用来强化某一空间或视觉关系重要的导向性。国内外在轴线序列法运用中有着较多的案例，群体建筑如北京故宫、南京中山陵的规划平面布局，单体建筑如法国的卢佛尔宫、欧洲古典教堂的建筑平面布局等。

（2）母题[①]重复法

一些特定类型的建筑具有若干重复性的功能单元模块，在建筑空间组合时我们往往将相同模块按照一定秩序形成平面组合，通过集中空间或走道空间进行联系。从空间形态上，我们比较容易理解这种体块感的单元模块的组合方式（类似群化空间的组合）。

（3）网格限定法

网格限定法是建筑作品中最常见的空间构成方法之一。我们首先需要建立一个基本的多轴向限定网格，同向延伸的空间形成某一网格单元。基本的限定网格可以是矩形网格也可以是弧形网格，可以是不同方向阵列的组合，从而形成建筑的形体折转。我们可以通过城市道路结构形成对网格限定法的理解，城市道路其实就是一种限定网格，道路形式规定了基本的结构关系，建筑的建造在网格规定的用地内设计生成。

（4）模数控制法

模数控制法是比较特殊的网格限定法，一般在住宅类建筑或空间尺度控制精度要求较高的建筑设计中经常运用。住宅建筑一般空间尺度比较小，在基本的横纵墙形成的空间分隔后仍需要进一步细化切分，其空间功能需要根据建筑的模数关系并结合合理的尺寸要求进行设计。此外，结合平面的外立面设计也需采用模数控制原则进行设计。例如，通过轴线和层高线，确定立面横向和纵向的分格模数。

3. 功能空间的组织

功能空间的组织是指基于建筑功能分区和建筑形态构成的整体考虑，涉及对建筑形体组合的构成方式及其功能关系的形态耦合方法。其中，建筑形体组合的构成方式需要我们建立"形体—要素"的构图组织方法。功能空间的组织包括了

---

① 母题，在文学中的含义是指一个主题、人物、故事、情节或字句样式，其重复出现于文学作品里，成为利于统一整个作品的有意义的线索，也可能是一种意象，由于其重复出现，整个作品的脉络得到加强。在建筑设计中，我们提炼出一种符号作为设计的母题，并将其重复使用到建筑中，从而强调了创作者的立意构思，这种设计手法称为母题法。母题是建筑创作表达技巧之一，在众多建筑中得到运用。建筑中通过母题的重复运用可以使建筑得到统一，给人留下完整深刻的记忆。

建筑的内部空间与外部空间的组织，内部空间主要是功能空间的组织，外部空间包括了场地环境的功能组织。

1）功能组织

（1）功能要求

建筑需要满足人们的不同使用要求，即建筑功能要求。建筑功能包括以下几个方面：

①人体活动尺度的要求；

②人的生理活动、社会活动、精神生活等方面的要求；

③使用过程和特点的要求。

因此，建筑应具有良好的朝向以及保温、隔热、隔声、采光、通风等性能。

（2）功能分区

功能分区是指将建筑空间按不同的功能要求进行分类，并根据它们之间联系的密切程度加以组合、划分，使功能明确又联系方便。建筑的不同功能空间、主要使用空间的不同功能部分都需要在建筑设计时进行合理的功能分区并相互联系，这需要选择与功能使用相适应的空间组合形式。

明确的功能分区要处理好下面几方面的关系：

①处理好“主”与“辅”的关系

一般的规律是：主要使用部分布置在较好的区位，靠近主要入口，保证良好的朝向、采光、通风及景向、环境等条件，辅助或附属部分则可放在较次要的区位，朝向、采光、通风等条件可能就会差一些，并常设单独的服务入口。

功能分区的主次关系，还应与具体的使用顺序相结合，如行政办公的传达室、医院的挂号室等，在空间性质上虽然属于次要空间，但从功能分区上看却要安排在主要的位置上。此外，分析空间的主次关系时，次要空间的安排也很重要，只有在次要空间也有妥善配置的前提下，主要空间才能充分地发挥作用。

②处理好“内”与“外”的关系

公共建筑物中的使用空间，有的对外性强，直接为公众所使用；有的对内性强，主要供内部工作人员使用，如内部办公、仓库及附属服务用房等。在进行空间组合时，也必须考虑这种“内”与“外”的功能分区。一般来讲，对外性强的用房人流量大，应该靠近入口或直接进入，使其位置明显，便于直接对外，通常环绕交通枢纽布置，而对内性强的房间则应尽量布置在比较隐蔽的位置，以避免公共人流穿越而影响内部的工作。

③处理好“动”与“静”的关系

公共建筑中一般供学习、工作、休息等的使用部分希望有较安静的环境，而有的用房在使用中嘈杂喧闹，甚至产生机器噪声，这两部分需要适当地隔离。如旅馆建筑中，客房部分应布置在比较安静的位置上，而公共使用部分则应布置在邻近道路及距出入口较近的位置上。

④处理好“清”与“污”的关系

公共建筑中某些辅助或附属用房（如厨房、锅炉房、洗衣房等）在使用过程中产生气味、烟灰、污物及垃圾，必然会影响主要使用房间，在保证必要联系的条件下，要使二者相互隔离，以免影响主要工作房间。

2）交通组织

（1）交通流线

合理组织交通流线是建筑设计的重要内容。合理的交通路线组织就是既要保证相互联系的方便、快捷，又要保证必要的分隔，使不同的流线不相互交叉干扰。交通流线组织的合理与否一般是评鉴平面布局好坏的重要标准。它直接影响到布局的形式。各种建筑物的内外部空间设计与组合都要以人的活动路线与人的活动规律为依据，设计要尽量满足使用者在生理上和心理上的合理要求。因此，应当把“主要人流路线”作为设计与组合空间的“主导线”。根据这一“主导线”把各部分设计构成一连串丰富多彩的有机结合的空间序列。

例如，几种主要类型建筑交通流特征如下。

①交通建筑：车流、人流、行包货物流线。

②医疗建筑：门诊病人流线、急诊病人流线、住院病人流线、各种辅助治疗和供应服务流线。

③商业建筑：顾客流线、货物流线、服务工作人员流线。

④展览建筑：观众参观流线、展品运输流线、内部工作人员流线。

⑤体育建筑：观众流线、运动员流线、管理服务人员流线、贵宾流线。

（2）安全疏散

交通组织的意义不仅仅是交通联系、引导人流，更重要的是建筑防灾的安全疏散功能。安全疏散是指建筑灾害发生时人员由危险区域向安全区域撤离的过程。建筑防火是建筑防灾的重要内容，当建筑火灾发生时，凡能确保避难人员安全的场所都是安全区域。通常建筑室外地坪以及类似的空旷场所、封闭楼梯间和防烟楼梯间、建筑屋顶平台、高层建筑的避难层和避难间均可视为安全区域。其中，安全疏散距离包括房间内最远点到房门的疏散距离和从房门至最近安全出口的直线距离。安全疏散宽度是为尽快地进行安全疏散，建筑除需要设置足够的安全出口外，还应合理设置各安全出口、疏散走道、疏散楼梯的宽度，该宽度又称为安全疏散宽度。

7.2.3　形态的耦合

建筑设计创作要学会功能组织与形态表达的整体与同一性。建筑形体组合的构成方式及其功能关系的形态耦合是形态推敲的重点。上节讲到，建筑形体组合的构成方式需要我们建立"形体—要素"的构图组织方法。形态耦合的要素包括建筑的功能空间、场所环境、结构材料、形式语言等。在具体设计时，需要综合限定性条件的若干方面考虑，并结合建筑的主要朝向、功能空间、主要立面、主次要入口、建筑的结构、材料、形式等，可借助平、立、剖面图及轴测图等形成建筑功能与形态的整体表达内容。

在最初的设计状态中，我们必须从复杂的功能需求出发形成尽量简化的功能模块关系，形成基本的功能结构布局，厘清建筑的基本构成逻辑，然后再逐渐细化布置具体的功能空间。在明确了基本的功能结构关系之后，具体空间的布置就要严格遵循结构形式和空间尺度的建造体系，建筑形态的表达就更加清晰与明确。

（1）功能关系与结构布局

任何建筑的规模都是确定的。最大限度地利用空间，减少交通空间和辅助空间的浪费是功能布局的重要任务。建筑空间的布置和形式塑造都要根据建筑功能的合理性需要，任何空间形式的变化也都要遵循建筑满足功能需要的基本前提。在建筑设计时，首先要根据场地情况将重要的功能安排到适宜的空间上，然后再进一步优化空间尺寸和细化安排。当然，建筑的功能布局和空间形态应该进行同一性的思考，在整体性设计响应的创造逻辑下形成，并不严格存在必然的先后关系。

（2）功能限定与形式创造

在"形"的塑造方面，形态构思会首先形成基本的形式组合（或是整体形式构成），进而基本形式被不断优化细化，逐渐形成满足多样化需求的形式结果。在基本形式的选择方面，建筑的功能需求能够限定某些基本形式的空间要求。"形"是空间的具体形状、大小，虽然说在满足使用功能的前提下，某些空间可以被设计成多种形状，然而在特定的限定条件下具体的使用功能总会有最适宜的形状被选择。当然，我们需要不断创造新的建筑形态，但不同的形式创造都要以满足人体尺度的舒适性和人本空间的适用性为目标。在今后的学习中，我们需要不断熟悉并熟练掌握某些特定功能类型的建筑及其某种特定形式秩序的表达，并进一步掌握其规范性的空间形式与规格尺度等，以利于不同的建筑形态创造能够适应标准化的设计与生产。

（3）功能需求与设计响应

设计响应是功能需求的条件反射，设计时应积极应对寻求解决方案。例如，不同功能用房对采光、日照、通风的物理环境要求是不一样的，这就决定了主要功能用房和辅助功能用房在设计布置时对于朝向、开窗处理的不同要求。建筑中往往把最好的日照采光条件优先布置给主要使用空间中的重要功能空间。此外，在满足最基本的物理环境条件下，建筑的主要功能空间也是设计创作的最主要构思对象，是形成建筑空间艺术性的最主要空间媒介，设计应优先为自然环境条件创造适宜的、满足建筑使用的功能空间。

7.3 建筑化生成

本章强化了从概念生成、抽象构成到建筑形态生成的思维演化与物化实现过程，要让学生充分理解“形体—要素”的情境化设计关联逻辑，这对理解建筑设计表达具有很好的启发性。

7.3.1 概念的生成

设计概念是怎么产生的？工业革命初期，机械化生产的粗糙产品大量出现，与传统手工文化形成的精细优雅风格形成鲜明对比。正是在这样的背景下，英国工艺美术运动（ Art and Crafts Movement ）重要的代表人物约翰·拉斯金和威廉·莫里斯唤起人们审美意识的反弹，现代设计的概念由此诞生。

设计概念式反应设计是反映设计对象本质的思维形式，是对设计理性认识的高度概括。设计概念与概念设计不同，1984 年帕尔和贝里茨在《工程设计》

（*Engineering Design*）一书中提出了“概念设计”，将其定义为：明确任务之后，通过拟定功能结构，寻求适当的作用原理把设计概念求解的过程。设计概念则是设计者针对设计所产生的诸多感性思维进行归纳与精练所产生的思维总结。

设计概念的生成与建筑的表达方式高度相关，建筑的表达方式传达出不同逻辑的形式语言，设计概念的描述必然结合建筑的形式语言表达而展开。东南大学顾大庆将建筑的表达方式分类为象形象征的表达、抽象塑形的表达、建造方式的表达，本书补充了结构形式的表达以形成更加细分的理解。

1. 象形象征的表达

象形在建筑形式的设计中指通过对客观实体的描摹来表达形式的意图。象形是直观的形象表达，能够增强建筑表达的可识别度，比如水边的船形建筑、书本形态的图书馆建筑外形等。象形是最直接的意象表达，但象形也是一个艺术加工的过程，需要美的形式与使用功能的和谐统一。例如，扎哈·哈迪德设计的安特卫普新港口大楼（Port house），从一个废弃的消防站改造并扩建而来，形成了一个“漂浮”在旧建筑之上的新体块。与现状保留的建筑形式不同，设计概念表达的新体块形如船艏，直指凯尔特（Scheldt）河（图 7-1）。

图 7-1　安特卫普新港口大楼船形改造——象形的表达

象征是以人类文化现象为存在的方式，也可以借具体的事物表达抽象的情感和概念，借助建筑形式的手段激发建筑内在的精神文化内涵。

象形和象征都是一种在视觉符号和某种意义之间建立起来的联想关系，以增强建筑对人情绪上的感染力。同时，需要指出的是象形的表达是建筑表达的初级层次，处理不好往往容易产生媚俗低劣的建筑形象，这是需要建筑师们引以为戒的方面。例如，某些建筑以动物、人物的具体形象修建，因其过于具象的形式表达而使建筑逐渐失去了精神意义。

2. 抽象塑形的表达

建筑的创作属于人类的高级思维活动，对于思维的具体表达都需要概括与抽象，这包含了具象的和抽象表达的不同。建筑的抽象表达可以理解为通过建筑师的思维加工制造出“间距化”的视觉形态，以强化建筑对人的心理辅导作用。解释学的“间距化”认为，文本的间距化既使读者对作品的理解变得困难，又使读者对文本的阐释具有创造性。间距化也可表示理解者与被理解对象之间差距的范畴，因为建筑的抽象使理解出现间距化，所以对建筑的解释成为可能。

图 7-2 抽象塑形的表达方式

建筑的抽象构成掩盖了具体的建造材料和结构，因此是一种抽象的塑形的表达。抽象塑形的表达与象形或象征表达的根本区别在于象形或象征的表达来源于具象明确的内容，抽象或塑形的则产生于抽象的、多义的表达。抽象塑形的设计以独特的抽象角度思考建筑，无论是概念的来源、图纸的表达以及建筑的形态都带有浓重的抽象艺术意味。

抽象塑形建筑往往超越常规的建筑形态模式，追求自我的表现与夸张的视觉。具有自由形态的塑形建筑，其设计作品形成了特有的形式语言，即非线性的、模糊不确定的空间、曲线性结构和流动性造型等（图 7-2）。在结构与建筑形态的关系中，塑形建筑的外形与其结构形态几乎没有关系，塑形建筑的实现离不开新型材料和结构技术的发展。

3. 建造方式的表达

建造是按照某种方式把各个要素及部分组成一个整体的活动过程与结果。建造方式的确立、材料的选择、对建筑构件处理和连接都是建造活动的重要内容，其目标是实现建筑的物理性能、空间围合及情感表达与体验。建造是建筑学的基本问题，建筑设计最终通过建造加以实现。建造是一种组织逻辑（关系），一种“材料和结构的逻辑以及它们在建筑形式上的表达”。建造方式的表达是由实体要素揭示的建造，材料是建筑实体呈现的物质载体，是形式表达与体验感知的直接对象。材料通过不同的建造方式，形成了不同的表现形式。

然而，设计与建造二者的内涵是不同的，设计的目的是形式如何实现，材料和建造的目的是如何体现形式；建造是形式的载体，要支撑形式，涉及技术的建构和经济的可行性。在这里，所谓建造方式的表达是指能够直观体现建筑材料、功能形式等方面的装配式搭建关系。通常情况下，在建造方式的表达中，建筑的结构体系一般是隐藏于内的，其外观形式体现的是围护材料的搭建关系（图 7-3）。

4. 结构形式的表达

在建造方式的表达中，实际建筑结构被建造构件隐藏了起来，而结构形式的表达则强调表露出来的结构体系所呈现的表现形式。结构类型的表达是指立面与形态关系真实反映了结构，结构是建筑表达的目标。结构作为建筑的骨架，使建筑在满足使用要求下维持其形态，是建筑生成的形态和空间的基础，亦是空间的表达。

我们通常认为结构的、材料的、功能的部分要反映建筑之真实，体现建筑建造的本质。也就是建筑应表达真实的美学要素，既能尊重结构、材料、装饰统一的建筑为美，又能够表达几何的动态的韵律变化为美，传达力学原理体现真实的构件关系为美，体现功能与形式统一的建筑为美。

从古罗马建筑创造的拱券、穹顶、帆拱等结构形式，到中世纪哥特建筑拱肋、飞扶壁等结构构件的表达，再到现代建筑桁架结构、网架、薄壳等结构体系产生了形态飘逸、体现力学体系的大跨建筑，建筑的本体结构与建筑形态表达是脱离还是共生的命题不断推动着建筑技术的不断发展。

结构形式的表达是将建筑的本体结构与建筑形态表达共生合一的完美形态，这需要建筑师和结构师的分工与合作。通常建筑师更关注建筑的功能性、社会性、文化性及其美学表达的实现，结构师则更注重结构安全的前提下对建筑空间的结构选型、计算和具体的技术实现。此时，结构形式的表达是建筑师的选择，建筑师为了表达空间的透明性，传达明确的建筑结构美学。有时暴露的结构构件无法达到建筑师的设计要求，就需要建筑师与结构师合作找到结构构件的表达方式，以形成令人满意的结构秩序和空间体验（图 7-4）。

图 7-3　建造方式的表达——东北大学浑南校区 1 号教学楼

图 7-4　结构形式的表达

7.3.2 设计的过程

建筑设计的目标是多样的，建筑设计的方法是可控的。设计概念形成的是初始的设计意识，概念的物化是既有理性的分析过程也有感性的黑箱作业的创作过程。本单元的建筑生成练习以空间构成的建筑化表达为例，以建造方式的表达来理解设计过程，从而形成一个相对完整的建筑设计方案。

1. 基地选择

严格来说，基地选址并不属于建筑设计的过程，而是在开始设计之前就需要完成的前提。但是对一些附属小建筑或临时建筑而言，在已批基地内的选址是必要的设计工作。需要指出的是建筑所处的位置对于建筑功能的实现具有重要意义，同样，建筑前期的选址研究能够从更宏观的视角思考建筑的意义与作用。完成基地选址并画好用地红线，这是对建筑设计的刚性要求。

本单元的设计任务是在东北大学浑南校区的中央景观轴的末端节点——“小南湖”首先完成设计基地的选址工作。“小南湖”是一块校园景观绿地，设计范围根据绿地内场地条件通过自主选择确定，在这一过程中根据具体的景观关系与周边环境进行设计构思（图 7-5）。

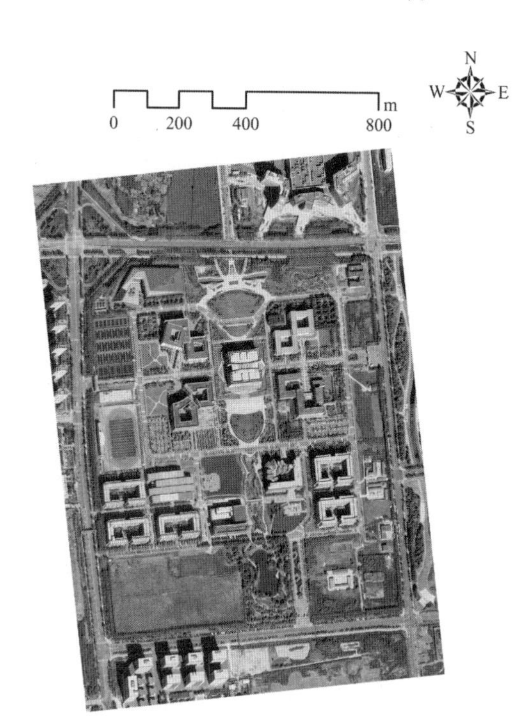

图 7-5 校园区位、研究范围与设计范围

2. 实地调研

实地体会场地环境、空间尺度，了解用地的交通、景观、邻建等相关情况，结合场地关系、景观关系、日照、地形、风向等确定建筑的朝向、主要建筑立面、场地的整体布局等。

3. 案例分析

对其他建筑师设计建造该类型建筑的案例进行研究，了解他们是如何设计和建造的，以及对建筑的空间、功能、形态、结构、材料、理念等方面内容的阅读分析（图 7-6）。

4. 概念构思

概念构思可分为设计概念构思和形态生成构思，二者相辅相成。设计

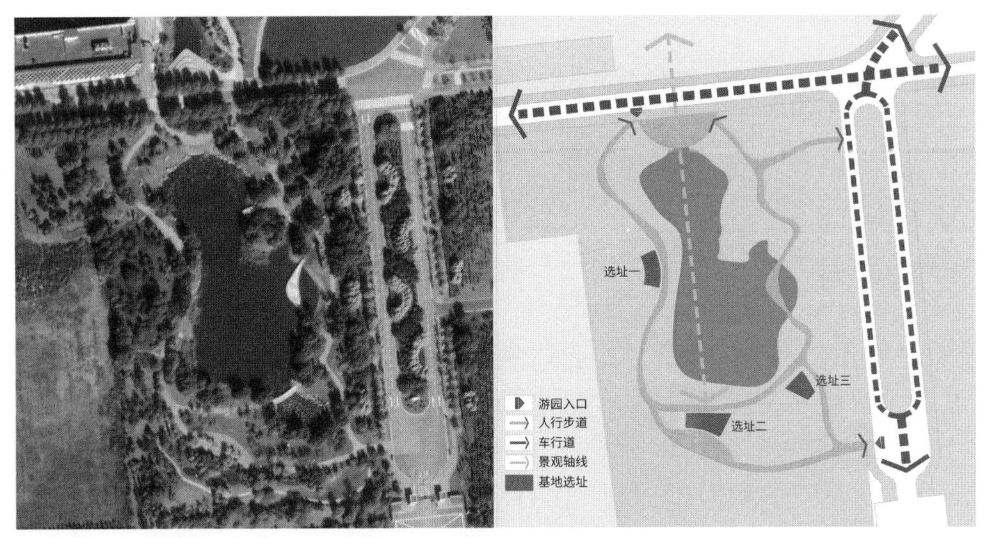

图 7-6　基地选址与环境分析

概念是形态生成的思维原点。构思具有一定的过程性，首先，分析环境，确定建筑的主要朝向、出入口方位，及其与环境的基本关系；其次，运用网格限定法构建轴网，确定建筑的基本组合形式及其轴线网络（图 7-7）；再次，分隔空间，将体块、板片、杆件等要素组织于轴线网格中，形成内部空间与外部空间形体关系的划分（图 7-8）；最后，细化要素形式，统一形式构件构造与整体形态的表达关系。

图 7-7、图 7-8 以选址二的茶室设计为例，通过分析场地位置，得出场地南北两侧都有道路，均可作为建筑的出入口方位。场地中央有景观树木，宜作为庭

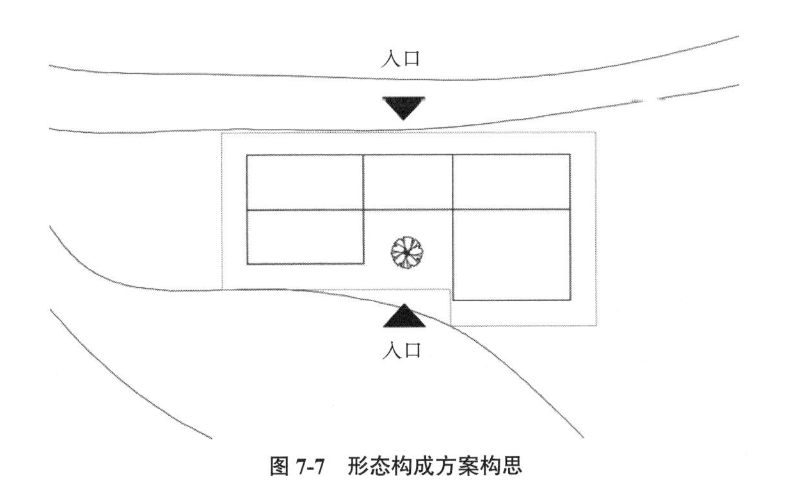

图 7-7　形态构成方案构思

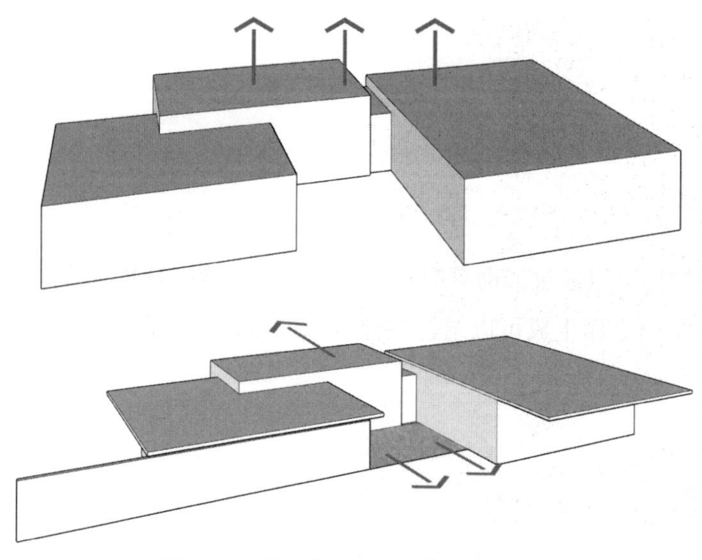

图 7-8　形体组合与要素构成的方案构思

院空间的景观点，围绕保留树木做出矩形框架网格。选址二场地形状不规则，故使用体块加法思维（完整几何图形场地适合用体块减法）。

5. 结构框架

选址二的案例设计采用框架结构。框架结构可以使用钢筋混凝土框架、钢框架（结构占空间小但防火保温差）、木框架（结构数据依赖于木材厂家），这里使用比较常见的钢筋混凝土框架。

6. 平面构图

通过平面构图组织，确定功能分区、交通组织、景观组织，明确主要流线，空间序列，并进一步明确各房间的具体分布与合理尺寸。房间的布置主要通过面片的围合与限定，更细致尺寸的构件则根据模数控制法进行设计。

茶室散座区环绕中间树院设置，无法环绕树院的大包间设独立的种植院补充景观。四周做木平台配合挑檐做灰空间来呼应周边良好的景观。平移墙面拉伸屋顶创造两个室外饮茶区，同时这个动作还可以划分室外空间层次。制作间、库房、卫生间对景观没有需求，摆在最东侧。制作间平面形状尺寸参考厨房的形式布置，一侧或两侧布置 600mm 宽橱柜（考虑到营业性厨房，过道适当加宽）。厨房东墙设门，保证垃圾污物运出时不影响顾客。紧邻制作间做服务吧台，方便服务员出入制作间。吧台柜与后墙宽度 1000mm，保证坐姿空间、蹲姿取物及两人侧身通过空间。库房兼做更衣室，用来储藏一些非餐饮类物资。由于人数较少，卫生间只做两个蹲位，开敞洗手区。饮茶包间考虑容纳几个人（含茶艺师），用什么形式的桌子。参考茶桌的尺寸设计房间大小。餐桌尺寸通常长边为：人数 ×600mm+0~200mm，短边最小可做 800mm，最大可做 1500mm，保证人能摸到桌中央的物品。

7. 立面生成

形态的构思可以通过辅助草图及模型的表达，然而最基本的方式就是立面图的生成。建筑的立面生成可以结合立体构成的方法，结合建筑门窗洞口的设置，以及建筑师自身的形态创造意象生成设计。这一阶段，我们需要掌握构成形式和建筑形式的转换，逐渐形成自己的形式逻辑和方法手段（图 7-9）。

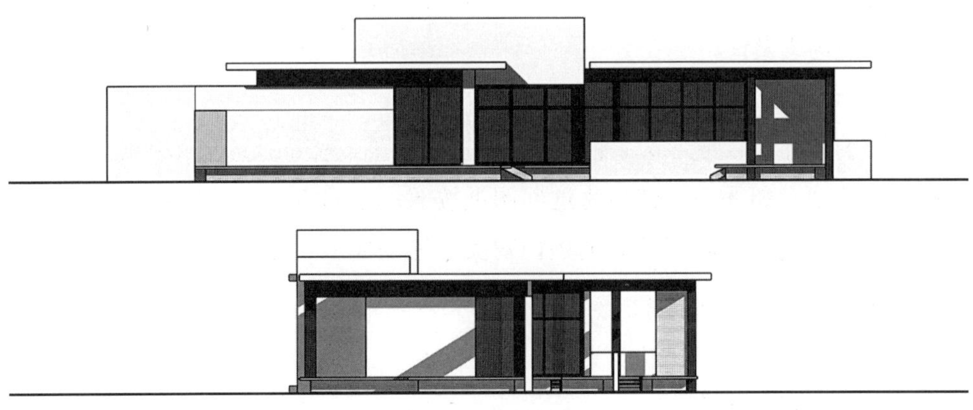

图 7-9　立面生成

茶室室内空间有与外部交流的需要，如观景、采光、开窗通风、开门走人。也有与外界隔绝的需要，如隐蔽、遮光、挡风、保温、靠墙摆放家具饰物。将与外界交流部位用透明材料维护，与外界隔绝部分用不透明的墙体、楼板围合。围合时需注意虚实对比及灰空间的营造。

8. 反复推敲

立面生成其实就是形态生成的过程，用立面正投影图来表达。对于初学者来说，形态的生成具有偶然性，因为学生并不能凭借经验预测生成结果，也就是说，形态的生成需要反复体会调整。同时，建筑形态的内部组织和外部组织是相辅相成的，设计者必须注重这一点，包括立面的开窗和内部空间的关系等。进而是建筑细部与功能尺寸的反复推敲，这是建筑形式逻辑表达的重要方面。

形态构成方案二使用体块加法思维，拔高中间体块强调它们是三个不同的体块，再将中间一部分缩窄作为联系体量，强调体块聚集与分散的对比。周边环境良好，那么应该做出灰空间加强人与环境的交流，故使用了大挑檐的屋顶。呼应挑檐，地台也一并探出。

9. 构造细部

框架结构的填充墙不受力，使用廉价的空心砌块，厚度 190mm（算上抹灰按 200mm 画图）。墙体做 100mm 厚保温层（沈阳），装饰面层使用白色涂料，总厚度约 300mm 厚。屋面为 100mm 厚现浇混凝土、卷材防水、100mm 厚保温层、40mm 厚细石混凝土保护层，各层之间用水泥砂浆做找平或找坡。挑檐使用白色涂料。无组织排水，檐口处做滴水。中间拔高的屋顶做女儿墙。大面积涂料设分格缝，避免热胀冷缩导致涂料层开裂或鼓包，分格缝可以规律设置也可以按照平面构成设计。

10. 综合表达

综合表达首先需要完成总平面图、平立剖面图、效果图、建筑模型，体现设计构思的主要分析图等，然后将这些图纸按照一定的方案表达逻辑形成布图表达。最终表达的成果除了建筑的黑白灰关系还需要表达材料、色彩、质感等关系，并将建筑融入环境，以一定的艺术表现力进行呈现。

7.3.3 细部的设计

构建整体形态造型过程中需要注意细节设计，需要让建筑的精致性和感染力进一步增强。细节设计通过借助立面图，优化细化形态表达，也可借助草模或软件，推敲整体形态与建筑细部的空间关系。由此，加强建筑立面的审美体验，丰富建筑形态的内涵层次。

（1）结构性细部设计

结构性细部设计是指对建筑起支撑作用的建筑细部。建筑设计中往往以该建筑选定的结构构造作为造型形态的主要依托手段，木结构、砖石结构、钢筋混凝土结构、钢结构这些不同的结构构造有着各自独特的承重方式和造型韵味，由此产生了多样化的建筑内外空间造型形态。例如，庄严厚重的寺庙建筑与高耸挺拔的办公建筑在造型形态上所呈现出的显著差异，便得益于我们所选定的砖石结构与钢筋混凝土结构在建筑外部造型体型上的构造分异；而精致小巧的木构建筑与轻盈舒展的钢构建筑不仅在外部造型形态上呈现出显著差异，更是在内部空间划分上受不同结构构造的影响而显现出截然不同的构成效果。因此，结构构造把建筑力学特征和它所特有的形式美感用建筑语言形象地展现出来。同样重要的还有建筑细部的比例尺度、材料选取、构造节点、构件连接等方面，例如楼板和梁是承受使用荷载的第一层次构件，决定了许多垂直构件的布置；墙体的主要作用是承重、围护或分隔空间，其构造取决于所属的建筑体系以及是否承重和所在位置等，这些都是我们需要精益求精的重要内容。

（2）装饰性细部设计

装饰性细部设计是体现建筑美学和文化内涵的重要方面，很多设计特别是历史建筑的装饰性细节并无实际的构造意义，而仅仅是形态造型和建筑美学的传达，其造型手法和设计表现也是多层次的，装饰性细部成为一种表达文化传统和个性的有效手段。

在建筑方案生成过程中，装饰性细部设计主要发生于立面设计和室内设计环节，与墙体构造息息相关，具体包括装饰结构构造、饰面构造和配件构造三大类。装饰结构是指装饰骨架的构造，具体根据其依附差异性可以分为贴面类骨架结构和装饰结构骨架两种。贴面类骨架结构指附贴于建筑主体结构上的纵横向龙骨，如吊顶龙骨骨架、墙面龙骨骨架等，这些骨架通过预埋件或膨胀螺栓与主体结构连接；另一类是类似于隔断、隔墙的装饰结构骨架，常见的有木龙骨、轻钢龙骨、铝合金龙骨的结构形式。饰面构造是在建筑表面再覆盖一层面层，对构件起保护和美化作用，又称“覆盖式构造”，其主要是处理面层与基层连接构造的方法，具体根据其覆盖差异性可以分为粉刷、粘贴、钉挂、涂覆四种情况。粉刷是以水泥加上骨料在现场湿作业形成大片平整的表面，如涂料、抹灰；粘贴指在以普通粉刷将基层表面处理平整（找平）后，再根据面层的不同要求，用相应的黏合剂或黏合层将表面材料粘贴在指定的场所，如铺贴、胶贴；钉挂指表层材料依附在一定骨架上的墙面处理，如系挂、钩挂；涂覆是指经粉刷找平后，将各种涂料分层以批嵌或涂刷等方式覆盖其上。配件构造则是通过各种加工工艺，将装饰材料制成制品，然后在现场组装以满足使用和装饰要求。配件的成型方法有三类：塑造与浇筑，如石膏、水泥等；加工与拼装，如锯、焊、削等；搁置与砌筑，如陶土制品、玻璃等。配件构造的常用方法包括黏结、钉合、螺栓、铆钉、铆接、卷口等。

（3）功能性细部设计

功能性构造要适应特定的功能要求，主要表现在围护、门、窗户、阳台、雨篷、散水以及排水沟等各个方面。建筑形态的细部设计也要充分体现功能分析方面的实际需求。例如，门窗洞口的位置、形式、大小，是否符合人体工学和使用环境，以及经济实用性等。一般而言，建筑形式的审美体验往往和实际功能需求的形态设计高度相关。可以说，细节的严谨推敲往往决定着建筑的审美体验。

根据功能性细部在建筑物系统中的位置关系，可以将其划分为水平型、垂直型以及复合型功能性细部。水平型指的是如阳台、雨篷、散水等需要在建筑水平方向上发挥作用的功能性细部，其因不同类型而需匹配差异化细部设计。以阳台为例，阳台由承重梁、板和栏杆组成，按其与外墙面的关系分为挑阳台、凹阳台、半挑半凹阳台；按其在建筑物中所处的位置可以分为中间阳台和转角阳台；按其使用功能的不同又可以分为生活阳台（靠近卧室或客厅）和服务阳台（靠近厨房）。不同类型的阳台有着不一样的设计要求。垂直型指的是门窗、外墙等需要在建筑垂直方向上发挥作用的功能性细部，其因不同目的而需匹配针对性细部设计。以门窗为例，门窗不是承重构件，其功能主要是采光、通风和通行，因其经常开启和关闭所以相关的节点需做特殊处理，同时也是细部设计中隔热、保温、和隔声的薄弱环节。复合型指的是如屋顶、楼梯、排水沟等需要在建筑各种方向上发挥作用的功能性细部，其因不同环节而需匹配多元化细部设计。例如屋顶不仅要满足使用功能（如保护建筑主体结构、满足或改善使用环境条件、便于生活与生产、协调各工种之间的关系），更需满足精神功能要求；楼梯主要由梯段和平台两大部分组成，考虑安全原因，还应设置栏杆（栏板）及扶手。

7.4 建筑生成单元任务

7.4.1 单元设定

单元设定：白露凝霜——空间的建构。

设定一：立足上一单元的环境设定及规划条件，完成小品建筑设计，进行方案表现与模型制作，并拍照融入现状环境照片之中。

设定二：实体建构。参加建构比赛，体验建造实训。

7.4.2　理解重点

设定一：小型服务类建筑设计

1. 掌握现状分析的内容，建立环境与场地条件的设计响应

小型服务类建筑设计是一年级最后一个设计启蒙作业，也是在一定的规划条件、现状条件要求下，基于环境与场地分析的建筑生成训练。学生需要理解建筑设计要服从于上位规划条件、基地现状条件与场地内部条件的限定，从而生成适于基地环境的建筑设计方案。

2. 理解建筑功能分区，明确建筑要素组织与整体建构方法

理解从基本的建筑功能需求到建筑结构、材料约束下功能形态的耦合组织。进而能够理解功能分区布局、交通流线组织、立面设计、总面布置、形态表现等基本建筑设计内容。形态表现需要重点理解构成要素形式关联构造的连接固定，考虑形式美感和具体做法，以实现局部构造做法与整体造型形态的合理搭建。

设定二：实体建构

1. 理解材料、结构与形式的完美结合才能产生美的形式建构

让学生对建筑的材料性能、建造方式及结构有更直观的了解与学习。理解用材料搭建和建造手段实现创造空间是建筑活动的本质，理解结构体系如何通过表现性建构在视觉上形成表达。

2. 理解实体搭建中局部构件构造与整体形态关系的基本规律

理解建构是关于形式与材料的组合逻辑。不同的建构要素存在不同的空间特征和形式表达的可能性。实体建构要充分考虑各部件的衔接，考虑整体造型结构的安全性和逻辑性，以实现整体造型形态的合理搭建。

7.4.3　单元目标

1. 知识目标

（1）明确建构的概念及形成设计建构过程的理解；

（2）进一步明确建筑方案设计的绘制、表达内容。

2. 能力目标

（1）强化基于具体空间情境的条件设定及其设计响应能力；

（2）形成完整的设计生成的过程逻辑与成果综合表达能力。

3. 素养目标

（1）培养学生掌握获取知识的方法，具备初步的自学能力，意识到“掌握方法比掌握知识更重要”的道理。

（2）培养学生将理论知识转化为解决问题的能力，将所学知识应用于实际项目中，具备解决实际问题的能力。

7.4.4 单元模块的设计

设定一：小型服务类建筑设计——微筑小品

1. 作业内容

（1）任务书

与指导教师交流，尝试共同拟定细化设计任务书。完成小型服务建筑单体设计，引入功能和外部环境的概念。总建筑面积 $120m^2$，营业面积 $80m^2$，茶水准备间（或办公间）$12m^2$，更衣室 $12m^2$，厕所 $4m^2$。

（2）题目

微筑小品——小南湖茶室

为方便学生户外休闲活动，学校拟在小南湖选址建设滨水地段的小型服务建筑及相应的户外活动空间，向建筑学院学生征集方案。

建筑应满足学生品茶、读书、赏景、交流的功能要求，建筑形态要简洁且融于环境，充分利用自然采光和通风，室外环境可考虑亲水平台休息区设计。

（3）内容

①了解功能需求及使用者的行为活动特点，形成调研分析报告。

②设计应尊重环境、利用环境，并可适当改造场地环境，完成总平面图设计。

③绘制平立剖面图、透视图及相关分析图。

④完成综合表达、制作建筑模型，并融入场地环境进行模型拍照。

⑤简要的设计说明及技术经济指标（包括总用地面积、总建筑面积、容积率、绿化覆盖率、建筑密度等）。

2. 作业要求

（1）完成表达内部空间和外部形态的平立剖、轴测等设计图纸，与模型作品共同完成成果图纸的布图与综合表现。总平面 1∶300，平立剖面图 1∶100。

（2）绘制相应的设计分析图，如功能分区、交通流线、体量关系、视线分析、尺度分析、形态演化、形式美规律等。

（3）用 2~3 种模型材料制作设计模型。模型材料可使用白色卡纸板、白色模型板、白色吹塑板、薄木板、有机玻璃等易操作的材料。模型拍照并张贴于成果图纸。

（4）绘制方案图纸，一张 700mm × 500mm 尺寸水彩纸成果图纸。

设定二：实体建构

1. 作业内容

（1）用规定的建筑材料，在不超过 3m × 3m 的占地范围内，建造结构合理、形式美观、立意创新的建筑设计作品。

（2）根据任务书具体的内容要求准备。

2. 作业要求

（1）建造材料可根据不同任务要求选择瓦楞纸板（板厚为 6.5mm）、木材方条等，辅助材料可选择金属连接点、麻绳、透明封箱带等。

（2）作业小组要记录搭建过程，可用照片、影像等方式保留过程资料，最后制作 PPT 文档，作为作品介绍的成果文件。

参考文献

[1] 约翰·罗斯金 . 建筑的七盏明灯 [M]. 济南：山东画报出版社，2012.

[2] 朱雷 . “德州骑警”与“九宫格”练习的发展 [J]. 建筑师，2007（4）：40-49.

[3] 亨利．列斐伏尔 . 空间的生产 [M]. 刘怀玉，等，译 . 北京：商务印书馆，2021.

[4] 弗里德里希·恩格斯，卡尔·马克思 . 马克思恩格斯全集（第三卷）[M]. 中共中央马克思恩格斯列宁斯大林著作编译局，译 . 北京：人民出版社，1960.

[5] 梁思成 . 中国建筑史 [M]. 天津：百花文艺出版社，2005.

[6] 单踊 . 西方学院派建筑教育史研究 [M]. 南京：东南大学出版社，2012.

[7] 庞蕾 . 构成教学研究 [D]. 南京：南京艺术学院，2008.

[8] 顾大庆 . 中国的“鲍扎”建筑教育之历史沿革：移植、本土化和抵抗 [J]. 建筑师，2007（2）：5-15.

[9] 龚晨波，胡骉 . 建筑视野下的跨界设计模式 [J]. 新建筑，2015（3）：130-133.

[10] 王雨林，卢永毅 . 包豪斯预备课程的建筑迁行：以拉兹洛·莫霍利 - 纳吉主持的课程为例 [J]. 建筑师，2019（4）：62-75.

[11] 张轶伟，曲菲 . 通识与专业之辨：包豪斯预备课程在美国建筑教育的传播 [J]. 建筑师，2021（4）：68-78.

[12] 汪妍泽 . 学院式建筑教育的传承与变革：兼论东南大学建筑教育发展 [D]. 南京：东南大学，2019.

[13] 顾大庆，柏庭卫 . 建筑设计入门 [M]. 北京：中国建筑工业出版社，2010.

[14] 罗亮 . 建筑设计基础教学新体系 [J]. 新建筑，1992（1）：27-30.

[15] HARBESON J F. The Study of Architectural Design，with Special Reference to the Program of the Beaux-Arts Institute of Design[M]. New York：The Pencil Points Press，1927.

[16] 赖德霖 . 构图与要素：学院派来源与梁思成“文法—词汇”表述及中国现代建筑 [J]. 建筑师，2009（6）：55-64.

[17] 罗伯特・哈姆林 . 建筑形式美的原则 [M]. 武汉：华中科技大学出版社，2020.

[18] ROWE C. Review：Forms and Functions of Twentieth-Century Architecture by T Hamlin[M]// ROWE C. As I was Saying：Recollections and Miscellaneous Essays，Vol.1. Cambridge，Mass：The MIT Press，1996.

[19] 彭一刚 . 建筑空间组合论 [M]. 北京：中国建筑工业出版社，1998.

[20] 肯特・C・布鲁姆，查尔斯・W・摩尔 . 身体，记忆与建筑 [M]. 成朝晖，译 . 杭州：中国美术学院出版社，2008.

[21] 胡俊红，柴佳莉 . 论设计的本质特征与目的 [J]. 湖南包装，2019，34（4）：7-11.

[22] 保罗・拉索 . 图解思考：建筑表现技法 [M]. 第三版 . 邱贤丰，刘宇光，郭建青，译 . 北京：中国建筑工业出版社，2002.

[23] 张伶伶，李存东 . 建筑创作的思维与表达 [M]. 第二版 . 北京：中国建筑工业出版社，2014.

[24] 刘坤，魏秦 .“建筑评论”教学探索：以岩山寺壁画赏析为例 [J]. 华中建筑，2021（10）：100-104.

[25] 马修・卡莫纳，克劳迪奥・德・马加良斯，露西・纳塔拉扬 . 城市设计治理：英国建筑与建成环境委员会的实验（CABE）[M]. 唐燕，祝贺，蔡智，译 . 北京：中国建筑工业出版社，2020.

[26] 孙澄，韩昀松，任惠 . 面向人工智能的建筑计算性设计研究 [J]. 建筑学报，2018（9）98-104.

[27] 刘加平，高瑞，成辉 . 绿色建筑的评价与设计 [J]. 南方建筑，2015（2）：4-8.

[28] 彼得・埃森曼 . 现代建筑的形式基础 [M]. 罗旋，安太然，贾若，译 . 上海：同济大学出版社，2018.

[29] 朱亦民 . 后激进时代的建筑笔记 [M]. 上海：同济大学出版社，2018.

[30] 赵红斌 . 典型建筑创作过程模式归纳及改进研究 [D]. 西安：西安建筑科技大学，2010.

[31] 朱钟炎，贺星临，熊雅琴 . 建筑设计与人体工程 [M]. 北京：机械工业出版社，2008.

[32] 刘辉志，姜瑜君，梁彬，等 . 城市高大建筑群周围风环境研究 [J]. 中国科学（D 辑：地球科学），2005（S1）：84-96.
[33] S・E・拉斯姆森 . 建筑体验 [M]. 刘亚芬，译 . 北京：知识产权出版社，2008.
[34] 安德鲁・D. 赛德尔，余艳薇 . 迂回过山车：欧美环境行为研究的发展 [J]. 新建筑，2019（4）：5-8.
[35] 柴彦威 . 空间行为与行为空间 [M]. 南京：东南大学出版社，2014.
[36] 杨・盖尔 . 交往与空间 [M]. 何人可，译 . 北京：中国建筑工业出版社，2002.
[37] 龙小明 . 建筑空间与心理需求 [J]. 中外建筑，1996（3）：13-14.
[38] 李伟 . 建筑学视角下的装配建造与空间操作整合策略研究 [D]. 北京：北京建筑大学，2020.
[39] 鲁道夫・阿恩海姆 . 艺术与视知觉 [M]. 北京：中国社会科学出版社，1984.
[40] 伊东丰雄 . 伊东丰雄的建筑论文选：衍生的秩序 [M]. 台北：田园城市出版社，2008.
[41] 薛滨夏 . 建筑形态的构成与演化 [D]. 哈尔滨：哈尔滨建筑大学，2000.
[42] 顾大庆，柏庭卫 . 空间、建构与设计 [M]. 北京：中国建筑工业出版社，2011.
[43] 陈荣 . 现代木构建筑形态构成与表现研究 [D]. 南京：南京工业大学，2014.
[44] 黄纳 . 建筑体验的时间维度解析 [J]. 沈阳建筑大学学报（社会科学版），2018（1）：19-24.
[45] 吴国璋 . 西方社会学对社会时间的研究 [J]. 学术界，1996（2）：56-57.
[46] 田学哲，余靖芝，郭逊 . 形态构成解析 [M]. 北京：中国建筑工业出版社，2005.
[47] 王佐 . 侧重于建筑语言训练的立体构成设计方法：提高建筑师设计能力的重要方法 [J]. 华中建筑，2000，18（1）：5.
[48] 甄明扬 . 非标准群化：当代建筑“群化空间”理念与方法 [M]. 北京：中国水利水电出版社，2018.
[49] 梁思成 . 中国建筑的特征 [M]. 武汉：长江文艺出版社，2020.
[50] 沈克宁 . 光影、介质、空间 [J]. 新建筑，2009（6）：30-33.
[51] 肯尼斯・弗兰姆普敦 . 建构文化研究 [M]. 王骏阳，译 . 北京：中国建筑工业出版社，2007.
[52] 爱德华・F・塞克勒 . 结构，建造，建构 [J]. 凌琳，译 . 王骏阳，校 . 时代建筑，

2009（2）：100-103.
[53] 胡冗冗，杨书群．塑形建筑的结构与外形关系浅析 [J]. 西安建筑科技大学学报（自然科学版），2012（10）：685-688，706.
[54] 郭屹民，刘大禹，吴雪琪，等．对坂本一成的访谈：基于建筑认知的建筑学教育 [J]. 建筑学报，2015（10）：12-17.
[55] 王骏阳．王骏阳建筑学论文集：理论・历史・批评（一）[M]. 上海：同济大学出版社，2018.
[56] 王澍．教学琐记 [J]. 建筑学报，2017（12）：1-10.
[57] 朱涛．传统与现代，传统与我们 [J]. 世界建筑导报，2011，26（6）：102-103.
[58] 奥山信一，平辉．日本东工大建筑学设计教育体系 [J]. 建筑学报,2015（10）：6-11.
[59] 王其亨．探骊折札：中国建筑传统及理论研究杂感 [J]. 美术大观，2015：91-93.
[60] 科林・罗，罗伯特・斯拉茨基．透明性 [M]. 金秋野，王又佳，译．北京：中国建筑工业出版社，2007.
[61] 芭芭拉・艾森伯格．建筑家弗兰克・盖里 [M]. 苏枫雅，译．北京：中信出版社，2013.
[62] 华黎，黄天驹，李国发，等．高黎贡山手工造纸博物馆 [J]. 住区，2011（2）：6.
[63] 利维希．弗兰克・盖里作品集（1991—1995）[M]. 薛皓东，译．天津：天津大学出版社，2002.
[64] 胡子楠．诗意制作：现代建筑建造方式及其维度研究 [D]. 天津：天津大学，2013.
[65] 顾大庆．当设计教学成为一门学问：赫伯特・克莱默的建筑教育遗产及对当代中国建筑教育的影响 [J]. 建筑学报，2023（3）：7-17.
[66] 亓萌，田轶威．建筑设计基础 [M]. 杭州：浙江大学出版社，2009.
[67] 周圆圆．建筑设计基础 [M]. 北京：北京大学出版社，2015.
[68] 舒平，连海涛，严凡，等．建筑设计基础 [M]. 北京：清华大学出版社，2018.
[69] 张云华，刘洛微．建筑设计基础 [M]. 西安：西安交通大学出版社，2016.

[70] 宋祎琳 . 认知与设计之间：一年级建筑设计基础教学总结与反思 [J]. 中国建筑教育，2021（1）：15-21.

[71] 撒莹，王晓云，李志英，等 . 基于建筑遗产保护思想的建筑设计基础课程教学 [J]. 高等建筑教育，2021，30（4）：101-108.

[72] 王昕，赵小龙，林冬庞 . 新工科背景下与课程思政相融合的《建筑设计基础》教学实践新探索 [J]. 建筑与文化，2022（11）：44-46.

[73] 朱涛 ."建构"的许诺与虚设：论当代中国建筑学发展中的"建构"观念 [J]. 时代建筑，2002（5）：30-33.

[74] 汪妍泽，单踊 . 还原布扎：一种现代建筑思想的批判呈现 [J]. 时代建筑，2018（6）：24-30.

后 记

深入推进党的创新理论进教材，是构建中国特色高质量教材体系的重大原则，是教材工作必须完成好的重要政治任务。习近平总书记强调，要用心打造培根铸魂、启智增慧的精品教材，为培养德智体美劳全面发展的社会主义建设者和接班人、建设教育强国作出新的更大贡献。因此，深入贯彻落实习近平总书记的重要指示要求，教材建设必须始终牢记为党育人、为国育才的初心使命，坚持不懈用习近平新时代中国特色社会主义思想铸魂育人。

本教材针对建筑类“设计基础（一）（二）”（以下简称“设计基础”）两阶段课程编写。“设计基础”是东北大学第三批思政建设课程，承载着设计启蒙和爱国荣校教育的重要任务。“设计基础”定位为以设计启蒙为目标的专业基础课，以互动式教学为特征的设计指导课。本教材的撰写旨在构建设计启蒙的理论知识体系，同时注重立德树人、价值引领。课程思政目标为培养学业信心，树立专业理想，建立文化自信，从而培养学生积极的社会责任感与学习使命感。

本教材由刘生军负责总体撰写，席天宇负责技术指导，参编教师负责实践教学反馈，并共同完成了学堂在线的慕课建设。各单元教学负责人进行了教材校审、修改和部分撰写工作，参编老师有张丽娜、吴德雯、刘哲铭、单伟婷、张然、杜煜、乔文琪、张青青、鲍吉言等。

教材撰写过程中得到了建筑学院刘抚英老师、霍克老师、陈雷老师、陈颖老师的资料支持和技术指导，特别感谢学院书记马静涛老师的大力支持。同时，感谢评阅专家给出的宝贵意见，这对教材质量的提升起到了重要作用。感谢毋婷娴编辑以及各位审校人员的辛勤工作。本教材引用了建筑学院学生的部分作品，在此一并表示感谢！

教材编写负责人

2024 年 7 月 12 日